ZEITSCHRIFT FÜR ANGEWANDTE GEOLOGIE

HERAUSGEGEBEN VOM
ZENTRALEN GEOLOGISCHEN INSTITUT
IM AUFTRAG DES
STAATSSEKRETARIATS FÜR GEOLOGIE

AUS DEM INHALT

AKADEMIE-VERLAG · BERLIN

BAND 15 / HEFT 3
MÄRZ 1969
SEITE 113–164

	INHALT	СОДЕРЖАНИЕ	CONTENTS	
MÜLLER, E. P.	Zur Geochemie der Tiefenwässer und der organischen Substanz im Nordteil der DDR	Геохимия глубинных вод и органического вещества в северной части ГДР	Geochemistry of Deep Waters and of the Organic Matter in the Northern Part of the G.D.R.	113
BURZEWSKI, W.	Eine Möglichkeit der übertägigen geologischen Bestimmung der Hydrodynamik des Randwassers von Erdöllagerstätten östlich von Kraków	Возможности поверхностного геологического определения гидродинамики краевых вод нефтяных месторождений восточнее Кракова	The Possibilities of Geological Determination above Ground of Edge-Water Hydrodynamics in Oil Deposits East of Cracow	124
MELNIKOW, J. A.	Über die Rolle anomaler Schichtdrücke bei der Entstehung von Erdgas- und Erdöllagern	О роли аномальных пластовых давлений в формировании газонефтяных залежей	Role of Anomalous Reservoir Pressures in the Formation of Gas and Oil Deposits	126
NESTEROW, I. I., N. N. ROSTOWZEW & M. J. RUDKEWITSCH	Über die räumliche Gliederung der westsibirischen erdöl- und erdgasführenden Provinz	О районировании Западно-Сибирской нефтегазоносной провинции	On the Division of the West Sibirian Oil and Gas Bearing Province	129
SMIRNOW, W. I. u. a.	Die Genesis endogener Erzlagerstätten (Referat STAMMBERGER)	Генезис эндогенных рудных месторождений (Реферат ШТАМБЕРГЕРА)	The Genesis of Endogenous Ore Deposits (Abstracted by F. STAMMBERGER)	131
KROPOTOWA, O. I.	Die Isotopenzusammensetzung des Kohlenstoffs in Kalziten von Karbonatmassiven und das Problem der Genese der Karbonatite	Изотопный состав углерода из кальцитов карбонатитовых массивов в связи с вопросами генезиса карбонатитов	The Isotopic Composition of Carbon in Calcites of Carbonatite Massifs and the Problem of Carbonatite Genesis	135
SOUKUP, B.	Korrelations- und Regressionsanalyse bei der Lagerstättenerkundung	Корреляционный и регрессивный анализ при разведке месторождений	Correlation and Regression Analysis Used in Prospecting for Deposits	140
BACHMANN, H., & W. HENKER	Über die spieltheoretische Fassung der geologischen Suche und Erkundung	О формулировке теории игр для геологических поисков и разведки	On the Version of Geological Prospecting and Exploration from the Viewpoint of the Theory of Play	144
DUMITRIU, M., & C. DUMITRIU	Das statistische Modell der Schwarzschiefersenke (Ostkarpaten)	Статистическая модель впадины черных сланцев (Восточные Карпаты)	The Statistical Model of the Black-Schist Depression (East Carpathians)	148
KVĚTOŇ, P.	Statistische Bewertung des Mineralreichtums der ČSSR	Статистическая оценка минерального богатства ЧССР	Statistical Evaluation of the Mineral Wealth of the ČSSR	153
SCHURYGIN, A. M.	Die Berechnung optimaler Bohrnetze für die Suche nach Lagern mit einer gegebenen Abmessung	Расчет оптимальных сетей скважин для поисков залежей заданного размера	The Calculation of Optimum Drilling Nets in the Search for Deposits with Given Dimensions	156
KAUTER, K.	Erdöl in Australien	Нефть в Австралии	Oil in Australia	159

Die ZEITSCHRIFT FÜR ANGEWANDTE GEOLOGIE berichtet ständig über folgende Arbeitsgebiete: Geologische Grundlagenforschung und Lagerstättenforschung / Methodik der geologischen Erkundung / Ökonomie und Planung der geologischen Erkundung / Technik der geologischen Erkundung / Geologie und Lagerstättenkunde im Ausland. In der Zeitschrift können alle strittigen Fragen der praktischen Geologie behandelt werden. Die Autoren übernehmen für ihre Aufsätze die übliche Verantwortung.

ZEITSCHRIFT FÜR ANGEWANDTE GEOLOGIE

Träger der Ehrennadel in Gold der Gesellschaft für Deutsch-Sowjetische Freundschaft

KOLLEKTIVE CHEFREDAKTION

Dr. K. KAUTER (Redaktionssekretär)
Prof. Dr. F. STAMMBERGER
Dr. habil. G. TISCHENDORF

BAND 15 · MÄRZ 1969 · HEFT 3

Zur Geochemie der Tiefenwässer und der organischen Substanz im Nordteil der DDR

E. PETER MÜLLER, Gommern

(Mitteilung aus dem Forschungsinstitut für die Erkundung und Förderung von Erdöl und Erdgas, Gommern)

1. Einleitung

Geochemische Untersuchungen der dispersen organischen Substanz von Sedimenten und der Fluide ihres Poren- und Kluftraumes ermöglichen die Ableitung von geochemischen Kriterien für die Einschätzung der Erdöl- und Erdgashöffigkeit eines Territoriums.

Der Stoffbestand der dispersen organischen Substanz in Sedimenten und der Tiefenwässer ist während der Diagenese und Metamorphose umfangreichen Veränderungen unterworfen. Daher sind die Kenntnisse dieser Vorgänge, die Klärung der Wechselbeziehungen der Fluide mit den festen Phasen der organischen Substanz und der Gesteine von ausschlaggebender Bedeutung für die Durchführung von Such- und Erkundungsarbeiten auf Erdöl und Erdgas.

Grundlagen zur Lösung dieser Probleme sind geochemische Untersuchungen, die die Ableitung von Gesetzmäßigkeiten der Verteilung des Stoffbestandes von Tiefenwässern und der dispersen organischen Substanz, in Abhängigkeit von der Stratigraphie, Lithofazies und der Tektonik beinhalten.

Am Beispiel der sedimentären Ablagerungen im Thüringer Becken und im Nordostdeutschen Flachland (WIENHOLZ 1965), im weiteren Nordteil der DDR genannt, werden im folgenden einige Grundzüge der Geochemie der Tiefenwässer und der dispersen organischen Substanz untersucht. Das Untersuchungsmaterial entstammt aus Tiefbohrungen, die im Rahmen der Erdöl- und Erdgaserkundung auf dem Gebiet der DDR abgeteuft wurden.

Untersucht wurden die Tiefenwässer und die Verteilung der dispersen organischen Substanz der sedimentären Ablagerungen des Rotliegenden bis zur Unterkreide im Nordteil der DDR, während das Rotliegende, das Staßfurtkarbonat und der Buntsandstein Untersuchungsobjekte im Thüringer Becken darstellten.

Mit Tiefenwässern soll hier als Überbegriff der Komplex sämtlicher unterirdischer Wässer des Porenraums von Gesteinen bezeichnet werden, die sich unterhalb der Süßwasser/Salzwassergrenze befinden (Salzlösungen $\gtrsim$ 1 g/l).

Schichtwässer sind Lösungen, die an entsprechende Ablagerungen gebunden sind.

2. Zur Geochemie der Tiefenwässer

Hydrogeochemische und hydrogeologische Untersuchungen ermöglichen, die Ablagerungen vom Rotliegenden bis zur Unterkreide im Nordteil der DDR in fünf getrennte schichtwasserführende Komplexe einzustufen (Tab. 1). Sie bilden meist hydrodynamische Einheiten. In Abhängigkeit von den geologischen Lagerungsbedingungen können sie jedoch teilweise miteinander in Verbindung stehen.

Die Tiefenwässer dieser fünf in Tab. 1 aufgeführten Komplexe zeigen in ihrem Stoffbestand grundsätzliche Unterschiede.

Sie weisen gegenüber den Wässern der Ozeane, der Erdoberfläche und den Grundwässern einen abweichenden Chemismus auf. Die Tiefenwässer haben teilweise hohe Salzkonzentrationen mit geringen Sulfatgehalten und veränderten Kationenverhältnissen.

Tab. 1. Die fünf getrennten schichtwasserführenden Komplexe im Nordteil der DDR

	Schichtenkomplexe
im Subsalinar:	Präperm und Rotliegendes (P_1)
im Intrasalinar:	Staßfurtkarbonat (Ca_2) Plattendolomit (Ca_3)
im Postsalinar:	Buntsandstein (T_1) Rät – Jura – Unterkreide ($T_3 - K_1$)

Bei der Absenkung der Sedimente erlitten die ursprünglich eingeschlossenen Lösungen umfangreiche diagenetische Veränderungen. Auf Grund ihrer Beweglichkeit sind sie durch die Kompaktion der Sedimente und durch tektonische Vorgänge Veränderungen im Chemismus und Migrationserscheinungen unterworfen. Bei tektonischen Vorgängen können Infiltrationslösungen in die Sedimente eindringen, vorhandene Wässer verdrängen bzw. sich mit diesen vermischen, womit eine Inhaltsstoffveränderung parallel läuft.

In den Untersuchungsgebieten des Nordteils der DDR und des Thüringer Beckens dominieren Salzablagerungen, die den Stoffbestand der Tiefenwässer beeinflussen konnten.

Als Untersuchungsmaterial zur Klärung der genetischen Bedingungen der Tiefenwässer dienten chemische Vollanalysen von über 5000 Schichtwässern der Ablagerungen des Rotliegenden bis zum Tertiär im Nordteil der DDR und im Thüringer Becken. Ergänzt wurden diese Analysen durch die Bestimmung der Spurenelemente Sr, Li, Rb, B, die Ermittlung der isotopen Verteilung des Deuteriums und Sauerstoffs so-

Eingang des Manuskripts in der Redaktion: 19. 11. 1968.

Vortrag zum XIX. Berg- und Hüttenmännischen Tag, Freiberg, 2. 7. bis 5. 7. 1968.

wie durch die Bestimmung gelöster organischer Substanzen.

Die natürlichen Wässer, insbesondere die Tiefenwässer, sind in ihrer chemischen Zusammensetzung außerordentlich verschieden. Deshalb sind Klassifikationsschemata oder Systematisierungen unerläßlich. So können Tiefenwässer durch zahlreiche in der Literatur publizierte Systeme klassifiziert werden [C. PALMER (1911), S. A. SCHUKAREW (1934), N. N. TOLSTICHIN (1932) W. J. WERNADSKIJ (1928), G. F. ALEKSANDROW (1932), M. G. WALJASCHKO (1935, 1955), W. A. SULIN (1946), S. A. DUROW (1948), O. A. ALEKIN (1953), H. SCHOELLER (1955), J. J. CHEBOTAREW (1955), E. V. PINNEKER (1961), J. K. ZAIZEW (1961) u. a.]. Diese Klassifikationssysteme können wie folgt gruppiert werden:

1. Klassifikationen nach den Verhältnissen des wasserchemischen Haushalts, d. h. genetische Klassifikationen;

2. Klassifikationen nach vorherrschenden Komponenten (Anionen, Kationen, hypothetische Salzkombinationen oder durch Ionenverhältnisse);

3. Klassifikationen nach der Gesamtkonzentration.

Bis heute existiert jedoch keine einfache Klassifikation der natürlichen Wässer, die in vollem Umfang die Besonderheiten der Genese, des Chemismus und den gesamten Komplex der gelösten Substanzen dieser Wässer berücksichtigt. Tiefenwässer werden nach vorherrschenden Anionen und auf Grund ihrer geochemischen Entwicklung in hydrogenkarbonatische, sulfatische und chloridische Wässer gruppiert (M. G. WALJASCHKO 1955; O. A. ALEKIN 1953; J. J. CHEBOTAREW 1955 u. a.). Die Tiefenwässer im Nordteil der DDR und im Thüringer Becken sind vorwiegend chloridische Salzlösungen. Ihr größter Teil ist nach der Klassifikation von SULIN (1946) dem Kalziumchloridtyp zuzuordnen.

Analysenergebnisse dieser Tiefenwässer werden in mg/l angegeben. Die Angaben in Milliäquivalentprozent (mval-%) werden aus den Daten in mval/l erhalten, indem die Summe der Kationen und Anionen gleich 100 gesetzt wird.

Als vorherrschendes Anion mit 46—49 mval-% tritt Chlorid auf, SO_4^{--}, HCO_3^-, Br^- sind untergeordnet mit 0,1—4 mval-% vorhanden. Da die Veränderung der Kationenkonzentration ein signifikantes Unterscheidungskriterium darstellt, werden die Tiefenwässer hier nach vorherrschenden Kationen typisiert. Es werden fünf Typen ausgehalten (Abb. 1, Tab. 2). Die Kationenverhältnisse sind in mval-% dargestellt, wobei die Summe sämtlicher Kationen gleich 50 mval-% beträgt.

Tab. 2. Typen der Tiefenwässer

Typen der Tiefenwässer	Na + K mval-%	Ca mval-%	Mg mval-%
1. Typ Na–Ca–Mg	16,5–50	0 –25	0 –16,5
Zwischentyp 1 Na–Ca–Mg(1)		≦10	
Zwischentyp 2 Na–Ca–Mg(2)		≧10	
2. Typ Ca–Na–Mg	0 –25	16,5–50	0 –16,5
3. Typ Mg–Ca–Na	0 –16,5	0 –25	16,5–50
4. Typ Mg–Na–Ca	0 –25	0 –16,5	16,5–50
5. Typ Na–Mg–Ca	16,5–50	0 –16,5	0 –25

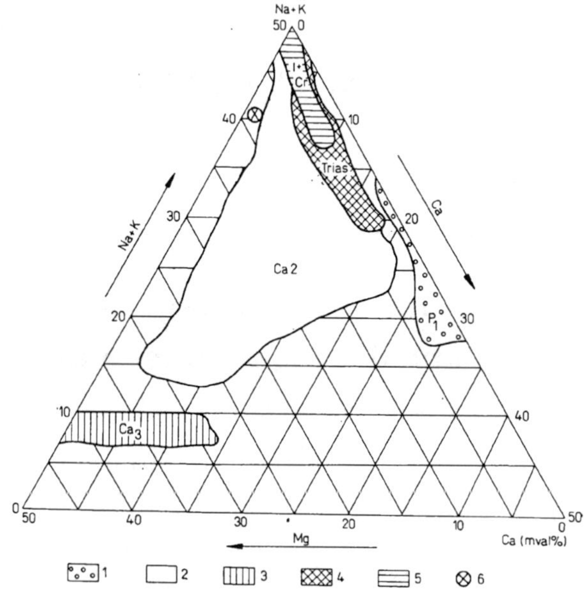

Abb. 1a. Kationendreieck der Schichtwässer des Nordteils der DDR und des Thüringer Beckens
1 – Rotliegendes (P_1), 2 – Staßfurtkarbonat (Ca_2), 3 – Plattendolomit (Ca_3), 4 – Trias (T), 5 – Jura–Kreide (J–Cr), 6 – Ozeanwasser

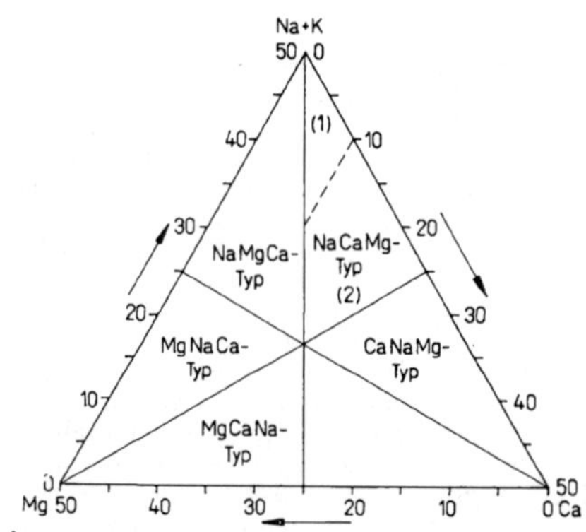

Abb. 1b. Typen der Tiefenwässer

Der Ca–Mg–Na-Typ, nicht ausgehalten im Kationendreieck (Abb. 1), ist in den Untersuchungsgebieten nicht vorhanden. Die Hauptkomponenten Summe Natrium und Kalium, Kalzium und Magnesium der Tiefenwässer sind in einem Kationendreieck (Abb. 1) in mval-% dargestellt. Durch einen Kreis mit Kreuz ist zum Vergleich die Zusammensetzung des Ozeanwassers angegeben.

Die Schichtwässer der Kreide und des Juras im Nordteil der DDR nehmen einen engen Bereich mit einem Maximum bei 47—50 mval-% Na und K; 0—6 mval-% Ca und 0—3 mval-% Mg ein. Sie sind dem Na–Ca–Mg-Typ (Zwischentyp 1) zuzuordnen. Die Schichtwässer der Trias zeigen eine größere Variationsbreite, Na–Ca–Mg-Typ mit Zwischentypen 1 und 2.

Die Schichtwässer der intrasalinaren Ablagerungen unterscheiden sich im Chemismus von denen des postsalinaren Bereichs. Die Schichtwässer des Plattendolomits sind Mg-reiche Salzlösungen der Typen Mg–Ca–Na und Mg–Na–Ca.

Zeitschrift für angewandte Geologie, Bd. 15 (1969), Heft 3

Tab. 4. Hauptgruppen der Tiefenwässer aus dem Norden der DDR und dem Thüringer Becken im Vergleich zum Ozeanwasser

Gruppen:	1. Salinare Reliktlösungen	2. a) Diagenetisch veränderte Wässer b) Ablaugungslösungen c) Infiltrationslösungen	3. Ozeanwasser
Typen:	Na Ca Mg (2), Ca Na Mg, Mg Ca Na, Mg, Na, Ca	Na, Ca Mg (1), Ca Na Mg, Na Mg Ca	Na Mg Ca
Konzentration:	> 300 g/l (nicht teufenabhängig)	< 330 g/l (teufenabhängig)	Ø 36 g/l
Chemismus	erdalkalibetonte Wässer	alkalibetonte Wässer	alkalichloridische Wässer
^{2}D-Verteilung	$\geqq$ 0,0154 at % ^{2}D (angereichert)	$\leqq$ 0,0154 at % ^{2}D (abgereichert)	Ø 0,0154 at %
^{18}O-Verteilung	$\geqq$ 0,1995 at % ^{18}O (angereichert)	$\leqq$ 0,1995 at % ^{18}O (abgereichert)	Ø 0,1995 at %
^{34}S-Verteilung	= Evaporite des Zechsteins ± 5‰	+ 40‰ bis + 10‰	+ 20‰
Br/Cl	$\geqq$ 0,0034	$\leqq$ 0,0034	Ø 0,0034
Sr	$\gtrsim$ 200 mg/l	$\lesssim$ 200 mg/l	13,0 mg/l
Rb	$\gtrsim$ 5 mg/l	$\lesssim$ 5 mg/l	0,2 mg/l
Li	$\gtrsim$ 10 mg/l	$\lesssim$ 10 mg/l	0,2 mg/l
K	$\gtrsim$ 2 g/l	$\lesssim$ 2 g/l	380,0 mg/l
B	$\gtrsim$ 100 mg/l	$\lesssim$ 100 mg/l	4,6 mg/l
Horizonte:	Staßfurtkarbonat, Plattendolomit	P_1, P_2, T, J_1-J_3, K_1	

Der Makrochemismus der Schichtwässer des Staßfurtkarbonats in den Gebieten Nordostmecklenburg, der Insel Rügen, Südostbrandenburg—Lausitz und im Thüringer Becken weist die größte Variationsbreite auf. Vertreten sind die Typen Na–Ca–Mg (1 und 2), Mg–Na–Ca und Na–Mg–Ca.

Im Subsalinar überwiegen Ca-betonte Schichtwässer. Im Rotliegenden sind die Na–Ca–Mg- und Ca–Na–Mg-Typen vorhanden.

Die Konzentration der Tiefenwässer umfaßt ein breites Intervall von den durch Oberflächenwässer beeinflußten Salzwässern mit geringen Konzentrationen von 5 g/l bis zu den hochkonzentrierten Salzlösungen des Plattendolomits mit 600 g/l (Abb. 2).

Unterschieden werden in Anlehnung an Klassifikationssysteme von PINNEKER (1961) und ZAIZEW (1961) in Tab. 3 angeführte Konzentrationsintervalle der Tiefenwässer, die einen gesetzmäßigen Zusammenhang zum Chemismus aufweisen.

Der Vergleich der Gesamtkonzentration der Tiefenwässer des Nordteils der DDR und des Thüringer Beckens mit ihrer Alkali- und Erdalkaliionenverteilung (mval-%), d. h. den Typen (Abb. 2), zeigt, daß allmählich mit ansteigender Konzentration ein Übergang von den alkalibetonten bis zu den erdalkalibetonten Salzlösungen zu verzeichnen ist. Die Schichtwässer des Jura- und Kreidekomplexes, zum Teil die der Trias und die des Rotliegenden mit den Na–Ca–Mg-, Na–Mg–Ca-Typen ordnen sich in einen Bereich, der von den Salzwässern über die geringkonzentrierten bis zu den konzentrierten Salzlösungen reicht, ein. Die hochkonzentrierten Salzlösungen im Staßfurtkarbonat, zum Teil die der Trias und des Rotliegenden sind sowohl alkali- als auch erdalkalibetont. Sehr hoch konzentrierte Salz-

Tab. 3. Konzentrationsintervalle der Tiefenwässer

0– 1 g/l	Süßwässer
1– 36 g/l	Salzwässer
36–150 g/l	geringkonzentrierte Salzlösungen
150–280 g/l	konzentrierte Salzlösungen
280–360 g/l	hochkonzentrierte Salzlösungen
>360 g/l	sehr hoch konzentrierte Salzlösungen

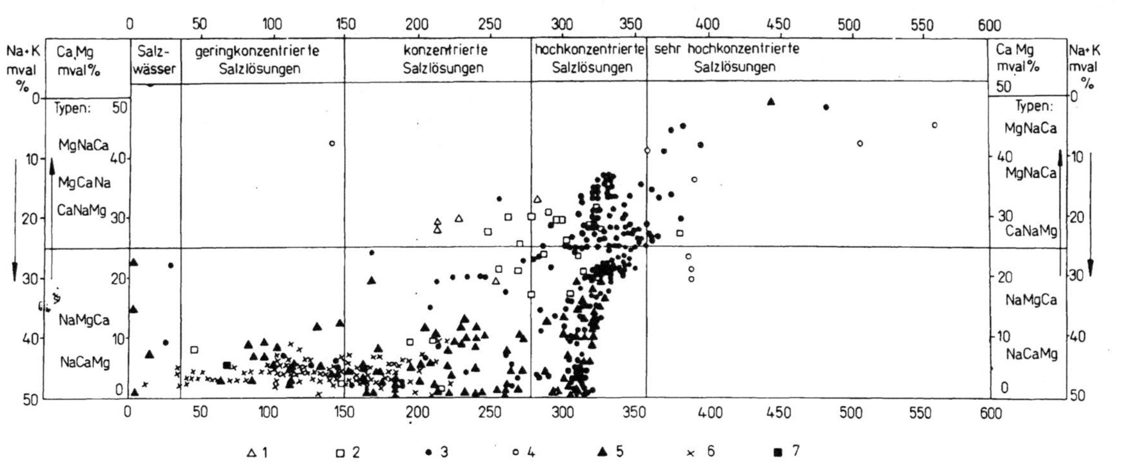

Abb. 2. Konzentrationsintervalle der Tiefenwässer des Nordteils der DDR und des Thüringer Beckens gegen Alkali- und Erdalkali-Ionenverteilung

1 – Karbon, 2 – Rotliegendes, 3 – Staßfurtkarbonat, 4 – Plattendolomit, 5 – Trias, 6 – Jura–Kreide, 7 – Tertiär

lösungen der Typen Ca–Na–Mg, Mg–Ca–Na und Mg–Na–Ca treten im Plattendolomit und Staßfurtkarbonat auf.

Wie zahlreiche Beispiele aus den verschiedensten sedimentären Becken der Erde zeigen (MEENTS 1952, SUCHAREW 1959, WAGER 1955, CHAVE 1960, MICHEL 1964, KARZEW 1963), nimmt die Konzentration der Tiefenwässer mit der Lagerungstiefe zu. Diese Tendenz kann jedoch nur für einen Teil der untersuchten Schichtwässer bestätigt werden (E. P. MÜLLER 1968).

Die Gegenüberstellung Teufenlage in m, die Konzentration der Wässer in g/l sowie ihre stratigraphische Einordnung läßt zwei Bereiche erkennen (Abb. 3):

einen ersten Bereich, in dem die Konzentration der Schichtwässer der Kreide, des Juras und zum Teil der Trias mit ansteigender Tiefe stetig zunimmt; bei 200 m beträgt sie 50 g/l und bei 2000 m bis zu 250 g/l. Die Konzentration dieser Schichtwässer ist teufenabhängig;

einen zweiten Bereich, in dem sich die Schichtwässer im Staßfurtkarbonat des Zechsteins und zum Teil die der Trias mit einer Konzentration von 300 bis 360 g/l bei einem Tiefenintervall von 400 bis 2900 m, einordnen. Ihre Konzentration ist nicht teufenabhängig.

Schichtwässer, die in unmittelbarer Nähe von Evaporiten (Salzstöcken, Salzkissen) auftreten oder die deren Ablaugungslösungen sind, liegen im Übergangsgebiet der skizzierten Bereiche. Die Schichtwässer des Plattendolomits, die an intrasalinare Ablagerungen gebunden sind, führen die höchsten Konzentrationen bis zu 600 g/l und liegen außerhalb des zweiten Bereichs.

Die Konzentration der Tiefenwässer im Rotliegenden zeigt einen Trend zur Teufenabhängigkeit.

In der Variation des Makrochemismus und in den Konzentrationsanomalien der Schichtwässer spiegeln sich gleichfalls die Konzentrationsunterschiede an Spurenbestandteilen wie Br, J, NH_4, Sr, Li, Rb und B wider (Abb. 4).

Die vorwiegend natriumchloridischen Schichtwässer des Tertiärs, im Jura-Kreide-Komplex, in der Trias und im Staßfurtkarbonat vom Na–Ca–Mg-Zwischentyp (1) führen die geringsten Konzentrationen an Spurenbestandteilen.

Bei ansteigenden Erdalkalikonzentrationen, insbesondere des Ca-Gehalts, nehmen die Gehalte an Spurenbestandteilen zu. Als Indikator dafür kann der Strontiumgehalt verwandt werden, der dem Kalziumgehalt parallel läuft.

Die erdalkalibetonten Wässer im Plattendolomit und Staßfurtkarbonat der Typen Na–Ca–Mg(2), Mg–Na–Ca und Na–Mg–Ca führen die höchsten Bromidgehalte. Hinsichtlich der Spurenelementverteilung nehmen die erdalkalibetonten Schichtwässer des Staßfurtkarbonats, wie aus Abb. 4 ersichtlich ist, eine Sonderstellung ein.

Der Spurenbestand von Tiefenwässern kann Aufschluß über die Genese geben.

So tritt Bromid als weitverbreitete Mikrokomponente vornehmlich in hochkonzentrierten chloridischen Tiefenwässern auf. Nach Untersuchungen von BRAITSCH & HERRMANN (1963) und WALJASCHKO (1965) reichert sich Bromid bei syngenetischen Verdunstungsvorgängen in den Restlösungen von Evaporiten an. In Reliktwässern eines salinaren Zyklus liegen demzufolge Br-

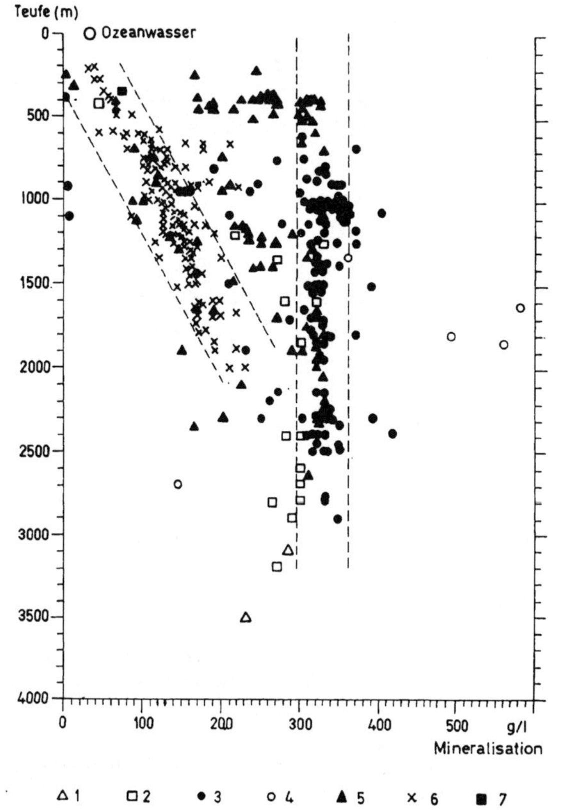

Abb. 3. Gesamtkonzentration von Schichtwässern des Nordteils der DDR und des Thüringer Beckens in Abhängigkeit von ihrer Tiefenlage

1 – Karbon, 2 – Rotliegendes, 3 – Staßfurtkarbonat, 4 – Plattendolomit, 5 – Trias, 6 – Jura und Kreide, 7 – Tertiär

Konzentrationen vor, die über dem Durchschnitt des Ozeanwassers mit 65 mg/l liegen. Neben Bromid erfolgt bei der Eindunstung von Ozeanwasser eine Anreicherung von Rubidium, Lithium, Kalium, Jod und Bor in der flüssigen Phase (SCHEREBTZOWA & WOLKOWA 1966). Diese Elemente sind Kriterien für die genetische Unterscheidung von salinaren Restlösungen zu Tiefenwässern, die als Produkte der Ionenfiltration entstanden sind.

Erhöhte Gehalte an Br, J, NH_4 und Bor sowie geringe Sulfatgehalte werden in der Erdölgeologie als Such- und Erkundungskriterien für Kohlenwasserstofflagerstätten gewertet, da sie genetisch mit der organischen Substanz verbunden sind. Ihre Anreicherung in Tiefenwässern kann jedoch, wie die Beispiele im Perm des Nordteils der DDR zeigen, gleichfalls durch salinare Restlösungen bedingt sein. Daher ist die Auswahl der hydrogeochemischen Kriterien vom genetischen Typ und dem hydrodynamischen System der Tiefenwässer abhängig.

Für die Anreicherung derartig hoher Salzkonzentrationen und das Zustandekommen des Stoffbestands der untersuchten Tiefenwässer können drei Möglichkeiten in Betracht gezogen werden.

1. Bei Evaporationsprozessen unter Oberflächenbedingungen (Beispiel Salzseen) entstanden als Nebenprodukte der Salzbildungen konzentrierte Lösungen, die bei der Diagenese in den Sedimenten wenig verändert verblieben.

2. Evaporite werden im Schichtverband in der Zone des aktiv-erschwerten Wasseraustausches durch eindringende meteorische Wässer oder Schichtwässer abgelaugt und dringen als konzentrierte Infiltrationslösungen in die Sedimente ein.

3. Porenlösungen werden aus Sedimenten bei der Diagenese ausgequetscht und während der Kompaktion durch Ionenfiltration an beladenen Tonmembranen im Stoffbestand und ihrer Konzentration verändert (v. ENGELHARDT 1961, BREDEHOEFT u. a. 1963, DEGENS & CHILINGAR 1964).

Im Nordteil der DDR und im Thüringer Becken dominieren die Salzablagerungen des Zechsteins. Im Buntsandstein sind es die des Röts. Mit diesen stehen die Tiefenwässer im Perm und im Mesozoikum auf Grund der Konzentration und des Chemismus genetisch in Beziehung. Ihre chemische und isotope Zusammensetzung ermöglicht eine Gliederung in zwei Hauptgruppen (Tab. 4) (E. P. MÜLLER 1968).

1. Gruppe: salinare Reliktlösungen der Zechsteinablagerungen, Schichtwässer im Staßfurtkarbonat [Typen Na–Ca–Mg(2), Mg–Ca–Na und Na–Mg–Ca] in hydrodynamisch isolierten Blöcken und Gebieten mit stagnierenden Wasserverhältnissen, Schichtwässer im Plattendolomit;

2. Gruppe: a) durch Ionenfiltration und diagenetisch veränderte Wässer (Sedimentationswässer),

b) Ablaugungslösungen von Evaporiten,

c) Infiltrationslösungen.

Typen: Na–Ca–Mg(1), Ca–Na–Mg, Na–Mg–Ca
Horizonte: P_1, Ca_2, T, J_{1-3}, K_1

Ablaugungslösungen von Evaporiten sind in sämtlichen Sedimenten vom Präperm bis zum Tertiär im Nordteil der DDR anzutreffen. Sie können den Chemismus der diagenetisch veränderten Schichtwässer überprägen, so daß eine geochemische Unterscheidung zwischen beiden Prozessen bisher schwierig ist.

Infiltrationswässer meteorischen Charakters treten in Gebieten mit oberflächennahem Schichtausstreichen auf (Doggerausbiß, Ausbiß des Zechsteins in den Randbereichen, Gebiet des Mitteldeutschen Hauptabbruchs und in tektonisch gestörten Bereichen, die einen aktiv-erschwerten Wasseraustausch ermöglichen).

Die Tiefenwässer reagieren bei ihrer Migration und Akkumulation in den Speichern mit der dispersen organischen Substanz der Sedimente sowie den freien

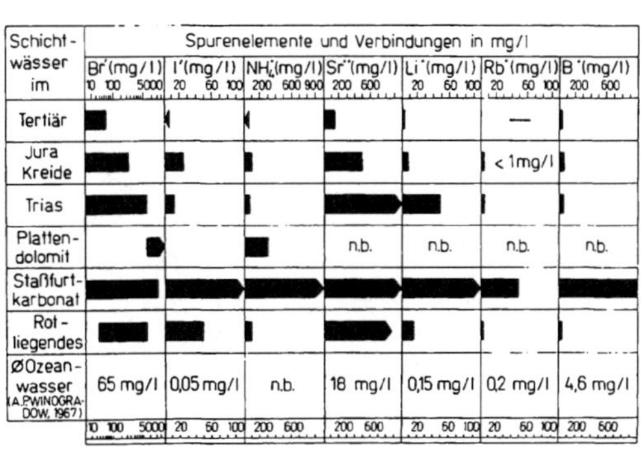

Abb. 4. Konzentrationsintervalle von Spurenelementen und Verbindungen in Tiefenwässern des Nordteils der DDR und dem Thüringer Becken

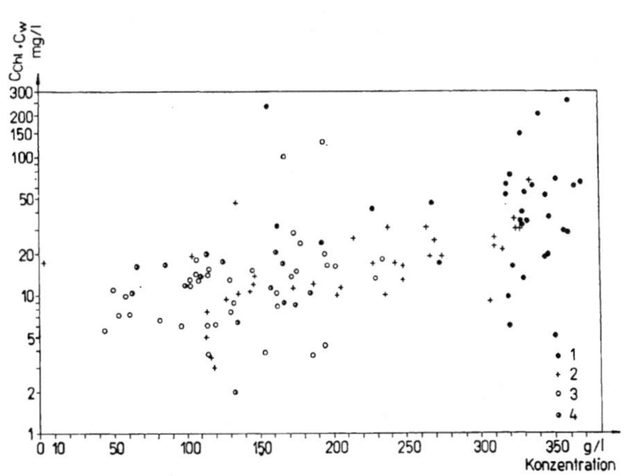

Abb. 5. Gesamtkonzentration und organischer Kohlenstoff in Tiefenwässern
1 – Zechstein (Ca_2), 2 – Trias, 3 – Jura, 4 – Unterkreide

organischen Kohlenstoffverbindungen (Erdölen, Kohlen und Bitumina). Als Produkte dieser Vorgänge resultieren im Stoffbestand gelöste organische Substanzen, deren Konzentrationen besonders in den hochkonzentrierten chloridischen Wässern gering sind und nur einige mg/l betragen.

3. Gelöste organische Substanzen in Tiefenwässern

Die Verteilung und die summarische Charakteristik von gelösten organischen Substanzen (G.O.S.) wurde an 125 Tiefenwasserproben des Staßfurtkarbonats, der Trias, des Juras und der Kreide in Anlehnung an Untersuchungsmethoden von E. A. BARS (1964) in Chloroformextrakten und Wasserdampfdestillaten untersucht.

Die Bestimmung des organischen Kohlenstoffs (C_{Chl}) in Chloroformextrakten umfaßt solche Verbindungen, wie sie im Bitumen A der Sedimente auftreten. Es sind vorwiegend Kohlenwasserstoffe (Paraffine, Naphthene, Aromaten), Naphthensäuren und höhere Fettsäuren.

Der Gehalt an organisch gebundenem Stickstoff wird gleichfalls im Chloroformextrakt ermittelt.

Der Kohlenstoff (C_W) der Wasserdampfdestillate repräsentiert die wasserdampfflüchtigen organischen Kohlenstoffverbindungen. Es sind u. a. Fettsäuren, Aromaten, Monophenole und Oxykarbonsäuren.

Durch Bromierung werden vorwiegend Phenole und Oxykarbonsäuren erfaßt.

Die Gesamtsumme der in Tiefenwässern gelösten organischen Substanzen kann in Annäherung durch die Summe des organischen Kohlenstoffs ($C_{Chl} + C_W$) ausgedrückt werden.

In der Gegenüberstellung Gesamtsumme organischer Kohlenstoff, Konzentration der Tiefenwässer (Abb. 5) variieren die $C_{org.}$-Werte von 5 mg/l bei einer Konzentration von 40 g/l im Jura bis zu einem Maximalwert von 250 mg/l bis 360 g/l im Staßfurtkarbonat. Eine Tendenz der Zunahme der $C_{org.}$-Gehalte bei ansteigender Konzentration ist für die Schichtwässer der Trias (+) ersichtlich, während im Staßfurtkarbonat, im Jura sowie in der Unterkreide keine Abhängigkeit besteht.

Die organischen Substanzen liegen in den chloridischen Tiefenwässern, die einen pH-Wert unter 7 besitzen, also im sauren Bereich liegen und teilweise hohe Erdalkaligehalte führen, wahrscheinlich in echten Lösungen bzw. als Anlagerungskomplexe an den Salzbestand vor. Seifen bzw. kolloide Lösungen dürften auf Grund der Konzentration und des Chemismus des Salzbestandes sowie der pH-Werte nicht stabil sein. Mit dem Ansteigen der Gesamtkonzentration der Tiefenwässer geht im allgemeinen eine Zunahme der Temperatur parallel. Somit dürften die relativ hohen Konzentrationen an G.O.S. der Schichtwässer im Staßfurtkarbonat (Temperaturintervall bis 90 °C), die an die Kohlenwasserstofflagerstätten gebunden sind, vornehmlich auf Temperatureffekte zurückzuführen sein.

Die Gehalte der bromierbaren Substanzen variieren in den untersuchten Schichtwässern von 1—501 mg/l, wobei maximale Konzentrationen im Staßfurtkarbonat auftreten.

Der Gehalt an organischem Stickstoff der Chloroformextrakte ist in Abb. 6 gegen die NH_4^+-Konzentration der Tiefenwässer aufgetragen. Die Schichtwässer im Mesozoikum besitzen mit geringen NH_4^+-Gehalten bei 100 mg/l $N_{org.}$-Konzentrationen bis zu 2 mg/l. In den Schichtwässern des Staßfurtkarbonats sind bei hohen NH_4^+-Konzentrationen (1000 mg/l) geringere $N_{org.}$-Gehalte mit 0,9 mg/l zu verzeichnen. Das zeigt, daß der vorwiegend an Amine und hydrolysierbare Substanzen gebundene Stickstoff in diesen Schichtwässern stärker abgebaut wurde als in denen des Mesozoikums, wobei die hohen Ammoniumkonzentrationen der Schichtwässer im Staßfurtkarbonat auf salinare Restlösungen zurückgeführt werden können.

Zur Klärung der Beziehungen disperse organische Substanz im Gestein, Erdöle und Schichtwässer wurde eine Reihe von Modellversuchen durchgeführt, durch die Auskunft über das Löslichkeitsvermögen von Verbindungen der dispersen organischen Substanz und Erdölen in wäßrigen Lösungen erhalten werden sollten. Die Versuche wurden bei Zimmertemperatur an aufgemahlenen Gesteinsproben des Staßfurtkarbonats, des Mesozoikums und an verschiedenen Erdöltypen ausgeführt. Die Lagerungszeit der Proben in gesättigter NaCl-Lösung betrug zwei Monate, in destilliertem Wasser sechs Monate. Die Modellversuche ergaben, daß die gelösten organischen Substanzen der wäßrigen Gesteinsextrakte des Staßfurtkarbonats eine ähnliche Charakteristik aufwiesen wie die Extrakte der Erdöle, d. h. ein gleiches Konzentrationsintervall für den organischen Kohlenstoff und Stickstoff. Unterschiede sind in den Gehalten der bromierbaren Sustanzen vorhanden, wobei die Erdölextrakte die 10fache Menge gegenüber den Gesteinsextrakten führen.

Die Konzentration und die Zusammensetzung von gelösten organischen Substanzen in Tiefenwässern sind daher vom Stoffdargebot an organischen Komponenten im Sediment, von der Konzentration und dem Chemismus der Wässer sowie von den Temperatur- und hydrodynamischen Verhältnissen im Speicher abhängig.

4. Die Verteilung der dispersen organischen Substanz in Sedimenten

Die disperse organische Substanz in Sedimenten setzt sich aus folgenden Hauptkomponenten oder Verbindungsgruppen zusammen:

1. den mit organischen Lösungsmitteln extrahierbaren Bitumina, dem chloroformlöslichen neutralen Bitumen A und dem in Benzol/Alkohol löslichen sauren Bitumen C;

2. den im alkalischen Medium extrahierbaren Huminstoffen (Huminsäuren);

3. den in organischen Lösungsmitteln unlöslichen Kohlenstoffverbindungen oder dem Kerogenanteil, der humosen oder sapropelitischen Ursprungs sein kann.

Maßgröße für die disperse organische Substanz (O.S.), d. h. die organischen Kohlenstoffverbindungen im Sediment, ist der Gehalt an organischem Kohlenstoff. Das Verhältnis der organischen Substanz zum Kohlenstoffgehalt zeigt jedoch eine Variabilität, die von der elementaren Zusammensetzung der O. S. abhängt. Daher verwendet man für die Bestimmung der O. S. Proportionalitätsfaktoren.

Beispiel:

Setzt sich die O. S. aus 75% C zusammen, dann ergibt sich $^{100}/_{75} = 1{,}33$. Dieser Koeffizient ist abhängig vom Diagenese- bzw. Metamorphosegrad der organischen Substanz:

rezente Sedimente	∅ : 1,7 (RODIONOWA 1967),
mesozoische Sedimente	∅ : 1,33 (RODIONOWA 1967),
paläozoische Sedimente	∅ : 1,22 (HUNT, FORSMAN).

Die mittleren Gehalte an $C_{org.}$ in subaquatischen Sedimenten wurden von F. CLARKE (1924) mit 0,94% für Schiefer, 0,104% für Kalksteine und mit 0,05% für Sandsteine angegeben.

Diese Ziffern variieren im Vergleich zu denen, die von N. M. STRACHOW (1955), K. F. RODIONOWA (1954), W. A. USPENSKIJ (1951) und N. B. WASSOJEWITSCH (1968) publiziert wurden. Alle Arbeiten wiesen auf eine Gesetzmäßigkeit der Verteilung von $C_{org.}$ in subaquatischen Ablagerungen hin, die WASSOJEWITSCH wie folgt formulierte:

„Die mittlere Konzentration an $C_{org.}$ in sedimentären Gesteinen hängt von verschiedenen Bedingungen ab, im wesentlichen jedoch vom Tonanteil dieser Gesteine. Dies gilt sowohl für sandig-aleuritische Gesteine als auch für Karbonate."

Für die Sedimente der Stratisphäre verteilen sich nach WASSOJEWITSCH (1967) die mittleren Kohlenstoff-

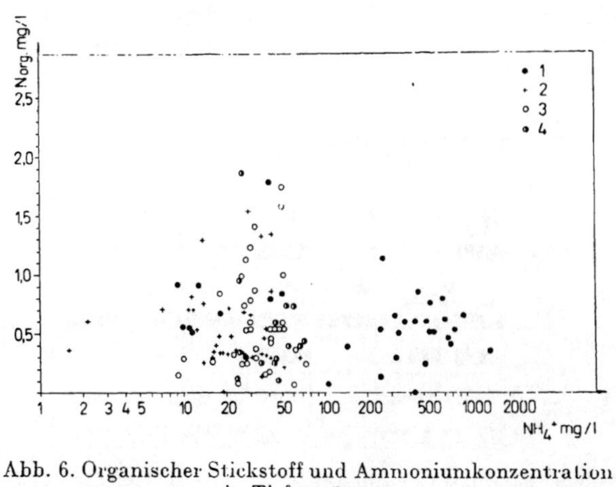

Abb. 6. Organischer Stickstoff und Ammoniumkonzentration in Tiefenwässern
1 — Zechstein (Ca_2), 2 — Trias, 3 — Jura, 4 — Unterkreide

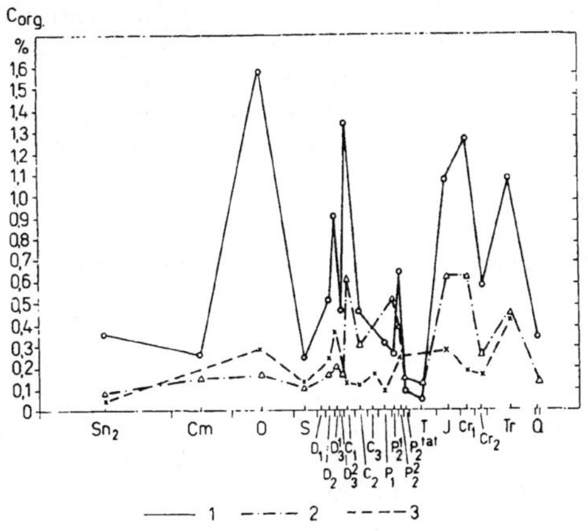

Abb. 7. Die Veränderung des mittleren Gehalts des $C_{org.}$ in Tonen, Sanden und Karbonaten der Russischen Plattform (nach RONOW 1958)
1 – Tone, 2 – Sande, 3 – Karbonate

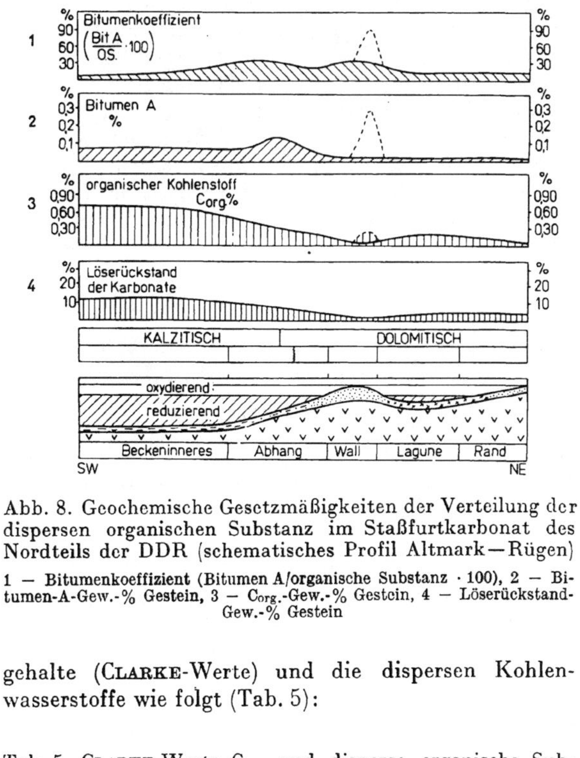

Abb. 8. Geochemische Gesetzmäßigkeiten der Verteilung der dispersen organischen Substanz im Staßfurtkarbonat des Nordteils der DDR (schematisches Profil Altmark—Rügen)
1 – Bitumenkoeffizient (Bitumen A/organische Substanz · 100), 2 – Bitumen-A-Gew.-% Gestein, 3 – $C_{org.}$-Gew.-% Gestein, 4 – Löserückstand-Gew.-% Gestein

gehalte (CLARKE-Werte) und die dispersen Kohlenwasserstoffe wie folgt (Tab. 5):

Tab. 5. CLARKE-Werte $C_{org.}$ und disperse organische Substanz in Sedimenten des kontinentalen Sektors der Stratisphäre (N. B. WASSOJEWITSCH 1967)

	CLARKE-Werte $C_{org.}$ %	disperse KW %
Tone	0,9	0,018
Schluffe (Silt)	0,45	0,009
Sandsteine	0,2	0,004
Karbonate	0,2	0,01
Kohlen + Ölschiefer	50,0	0,5
Summe der Gesteine	0,577	0,0128

Tonige Sedimente führen die höchsten Konzentrationen an organischer Substanz.

Von RONOW (1958) wurden 26000 Sedimentproben verschiedenster lithologischer Zusammensetzung, Alters und Genese hinsichtlich der Verteilung des organischen Kohlenstoffs in den unterschiedlichsten faziellen und tektonischen Zonen der Russischen Plattform untersucht. Analoge Untersuchungen führten F. D. TRASK & C. W. PATNODE (1942) an Sedimenten für das Gebiet der USA durch.

Die Verteilung des organischen Kohlenstoffs ändert sich von den Sedimenten des Präkambriums bis zum Quartär, wobei in unterschiedlichen geologischen Perioden Anreicherungen von $C_{org.}$ ermittelt wurden.

Die Tendenz der Veränderung der Verteilung der organischen Substanz in Abhängigkeit von der Stratigraphie (Abb. 7) ist für sämtliche Gesteinstypen, Tone, Sandsteine und Karbonate, einheitlich. Maximale Anreicherungen treten prinzipiell in den tonigen Gesteinen auf.

Höchste Konzentrationen des organischen Kohlenstoffs sind in den mittleren Epochen der kaledonischen, variszischen und alpidischen Sedimentationszyklen (Ordoviz, Unterkarbon, Jura—Kreide) vertreten, während sich die Ablagerungen zu Beginn oder am Ende dieser Zyklen (im Kambrium, Silur, Perm, in der Trias und im Quartär) durch bedeutend niedrigere Gehalte auszeichnen.

An die stratigraphischen Intervalle mit erhöhten mittleren Gehalten an dispersem Kohlenstoff sind nach RONOW sämtliche auf der Russischen Plattform bekannten mehr oder weniger großen Lagerstätten der Kaustobiolithe gebunden.

Die Konzentration und Verteilung des organischen Kohlenstoffs in sedimentären Ablagerungen sind daher von der Stratigraphie, d. h. von der Intensität der Lebensfähigkeit pflanzlicher und tierischer Organismen in den einzelnen geologischen Perioden, abhängig. Regulierende Hauptfaktoren für die Verteilung und Konzentration des organischen Kohlenstoffs sind jedoch die lithologische Ausbildung und die Faziesverhältnisse der Sedimente, d. h. in letzter Konsequenz der Anteil an tonigen Komponenten im Gestein. Ein markantes Beispiel für die Veränderung der $C_{org.}$-Konzentrationen in Abhängigkeit von der lithologisch-faziellen Ausbildung sind die karbonatischen Gesteine des Staßfurtkarbonats. In den Gesteinen des Staßfurtkarbonats (Abb. 8) am Nordrand des Zechsteinbeckens (Gebiet des Grimmen—Barther Strukturzuges, Insel Rügen) sowie am Südostrand (Südostbrandenburg—Lausitz) und im Thüringer Becken nimmt der organische Kohlenstoff gesetzmäßig, parallel zum terrigenen Anteil oder Löserückstand (Glimmer, Quarz u. a.) von den geschichteten Karbonaten des Beckeninneren (Stillwasserfazies) bis zu den oolithischen Karbonaten der Wallbildungen (Riffbildungen) und des Beckenrandes (Flachwasserfazies) ab. Im lagunären Bereich erfolgt abhängig von der lithologisch-faziellen Ausbildung ein relativer Anstieg der $C_{org.}$-Werte.

Anreicherungen des Bitumens A treten im Wallbereich und in der Lagune, wo Oolith- oder Algenkarbonate ausgebildet sind, auf.

Die Bitumina in den geschichteten Karbonaten des Beckeninneren und der Lagune sind primär, wie die Bitumenkoeffizienten und bituminologische Gruppenanalysen ausweisen.

Sekundäre Bitumina, d. h. migrierte Kohlenwasserstoffe, sind in den oolithischen und Algenkarbonaten der Riffe und teilweise der Lagunen anzutreffen. Die Konzentration, die Verteilung und der Charakter der dispersen organischen Substanz sind also von der lithologisch-faziellen Ausbildung der Sedimente des Staßfurtkarbonats abhängig.

Gleiche Gesetzmäßigkeiten der Verteilung des organischen Kohlenstoffs in Abhängigkeit von der Stratigraphie, wie sie von RONOW für die Russische Plattform ermittelt wurden, ergeben sich für die Sedimentabfolgen des Rotliegenden bis zur Unterkreide im Nordteil der DDR und im Thüringer Becken (Abb. 9).

Die Verteilung des organischen Kohlenstoffs und des Bitumens A wurde an 2000 Proben von Tonen, Tonsteinen, Sandsteinen und Kalksteinen untersucht und in Form von Durchschnittswerten dargestellt. Die Verteilungskurve des organischen Kohlenstoffs spiegelt in Abhängigkeit von der Stratigraphie Anreicherungen der organischen Substanz in den unterschiedlichen Lithotypen wider. Die $C_{org.}$-Werte für Sandsteine und Kalksteine liegen prinzipiell über dem CLARKE, während die der Tonsteine diese nur im Jura und in der Unterkreide überschreiten. Maxima der $C_{org.}$-Verteilung ergeben sich für die Sedimente im Karbon (nicht dargestellt) und des Jura-Unterkreidekomplexes (bis 12,6% $C_{org.}$). Die rotgefärbten Sedimente des Rotliegenden sind unter stark oxidierenden Ablagerungsbedingungen gebildet worden, die für eine Einbettung und Erhaltung der organischen Substanz ungünstig waren. Sie führen deshalb die geringsten $C_{org.}$-Werte mit durchschnittlich 0,15% $C_{org.}$. Das Maximum der $C_{org.}$-Verteilung der tonigen Sedimente im Buntsandstein ist auf den Hardegsenton zurückzuführen, der unter reduzierenden Verhältnissen gebildet wurde. Im Jura-Unterkreide-Komplex sind es tonig-bituminöse Sedimente, die die Anreicherung von $C_{org.}$ verursachen. Die relativ hohen $C_{org.}$-Werte der Sandsteine im Jura sind an sekundäre Bitumina und kohlige Substanzen gebunden. Die Verteilungskurve des Bitumens A charakterisiert in Verbindung mit den $C_{org.}$-Konzentrationen der Sedimente das Vorhandensein von syngenetischen bzw. epigenetischen Bitumina. Sekundäre Bitumina haben in maximalen Konzentrationen (0,9%) die Kalksteine und Dolomite des Staßfurtkarbonats. Sekundäre Bitumina in Sandsteinen treten vorwiegend im Keuper, Lias, Dogger und Malm auf. Hohe Bitumenkonzentrationen sind in den tonigen Ablagerungen des Muschelkalks und des Jura-Unterkreidekomplexes vertreten.

Einer der wesentlichsten Faktoren, der die Konzentration von gelösten organischen Substanzen in Tiefenwässern bestimmt, ist, wie eingangs erwähnt, das Stoffdargebot im Sediment. In Abb. 10 werden daher der organische Kohlenstoff und das Bitumen A als Gesamtdurchschnittswerte für die Sedimente vom Rotliegenden bis zur Unterkreide dargestellt. Ihnen gegenübergestellt sind die gelösten organischen Substanzen der entsprechenden Tiefenwässer, ausgedrückt durch C_{Chl}, C_W und $N_{org.}$ Aus der Gegenüberstellung ist ersichtlich, daß maximale Gehalte an organischem Kohlenstoff (C_W und C_{Chl}) in der gelösten organischen Substanz von Tiefenwässern an erhöhte Konzentrationen der dispersen organischen Substanz im Gestein, insbesondere an das Bitumen A, gebunden sind.

Anomalien in Form von Anreicherungen der gelösten organischen Substanzen treten in den Schichtwässern des Malms, Doggers, Lias und besonders deutlich in denen des Staßfurtkarbonats auf. In den Schichtwässern des Staßfurtkarbonats decken sich diese Anomalien mit dem Vorhandensein syn- und epigenetischer Bitumina, die Kriterien für das Vorhandensein von Erdöl- und Erdgaslagerstätten darstellen.

5. Zur Genese der Erdöl- und Erdgaslagerstätten im Staßfurtkarbonat

Am Beispiel der Erdöl- und Erdgaslagerstätten im Staßfurtkarbonat wurde mit Hilfe komplexer geologischer, geochemischer und isotopengeochemischer Untersuchungen von MÜLLER & WIENHOLZ (1968 b) nachgewiesen, daß das Staßfurtkarbonat in Abhängigkeit von der lithologisch-faziellen Ausbildung Mutter- und Speichergestein darstellt und die Erdöle und Erdgase syngenetischen Charakter besitzen. Die hydrogeochemischen und dynamischen Bedingungen scheiden eine Zufuhr von Kohlenwasserstoffen aus anderen stratigraphischen Einheiten aus. Im Nordosten (Abb. 11) der DDR, im Gebiet des Grimmen—Barther Strukturzuges, d. h. am Nordrand des Zechsteinbeckens sowie im Beckenzentrum, ist das Staßfurtkarbonat durch impermeable Anhydrite und Salzabfolgen gegen die über- und unterlagernden Speicherhorizonte isoliert. Es treten hochkonzentrierte Schichtwässer vom Na–Ca–Mg(2)-Typ mit Br/Cl-Werten über denen des Ozeanwassers auf. Es sind salinare Restlösungen, die eine An-

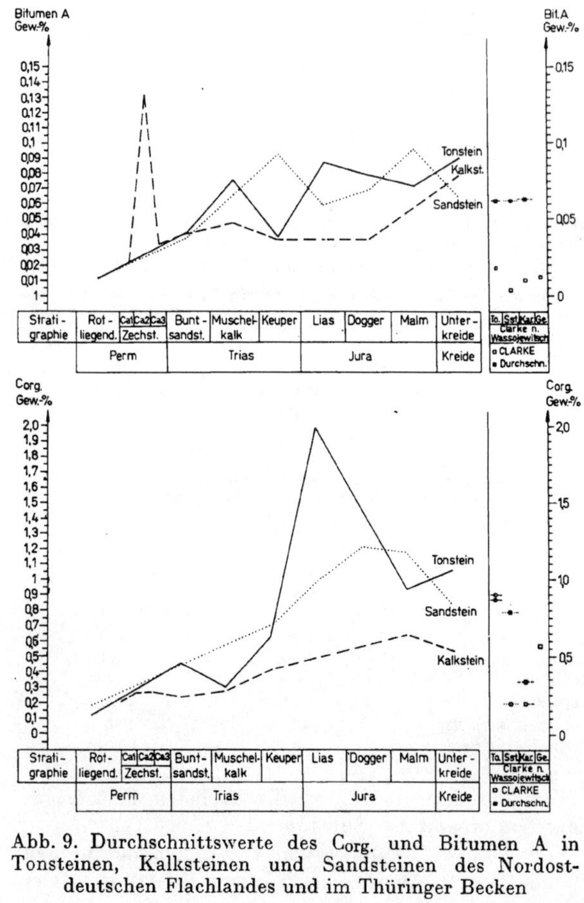

Abb. 9. Durchschnittswerte des $C_{org.}$ und Bitumen A in Tonsteinen, Kalksteinen und Sandsteinen des Nordostdeutschen Flachlandes und im Thüringer Becken

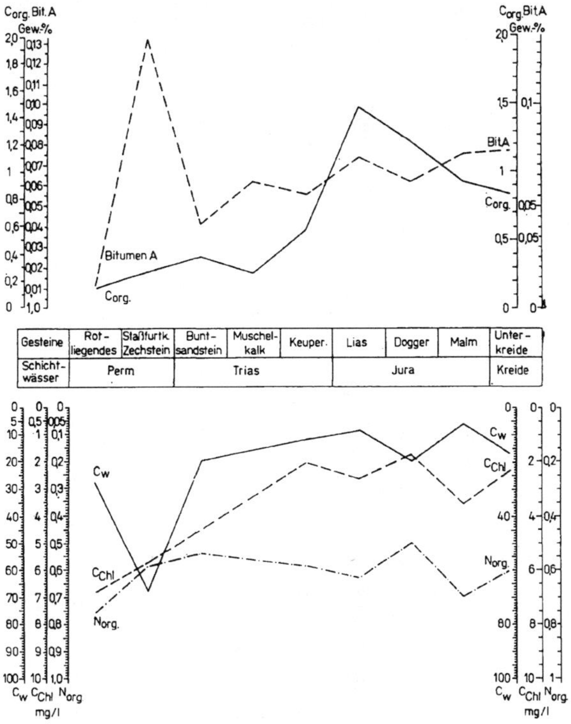

Abb. 10. Durchschnittswerte $C_{org.}$ und Bitumen A der Ablagerungen des Rotliegenden bis zur Unterkreide in Gegenüberstellung mit den gelösten organischen Substanzen von Schichtwässern

reicherung von ^{2}D und ^{18}O besitzen. Sie unterscheiden sich im Chemismus von den Schichtwässern des Rotliegenden mit Ca-Vormacht. Im Buntsandstein sind alkalichloridische Ablaugungslösungen vom Na–Ca–Mg(1)-Typ vorhanden. Ein weiteres Unterscheidungskriterium sind die außerordentlich hohen Schichtdrücke, die das 1,4- bis 2fache des hydrostatischen Druckes betragen. Diese Bedingungen kennzeichnen stagnierende Wasserverhältnisse für das Staßfurtkarbonat.

Am Südrand des Zechsteinbeckens (Südostbrandenburg—Lausitz, Thüringer Becken) sind die hydrochemischen und hydrodynamischen Verhältnisse differenzierter (Abb. 12).

Im Staßfurtkarbonat des Thüringer Beckens herrschen stagnierende Wasserbedingungen in den Gebieten von Wattesattel, Keula, Kirchheilingen, Langensalza mit hochkonzentrierten Schichtwässern vom Na–Ca–Mg(2)-Typ. Erschwerte Bedingungen treten im Raum Fahner Höhe—Güntersleben mit natriumchloridischen Infiltrationslösungen vom Na–Ca–Mg(1)-Typ auf. Aktive Verhältnisse des Wasseraustausches unter Einfluß meteorischer Wässer sind für die Salzwässer und Lösungen im Ausgehenden des Staßfurtkarbonats im Raum Ohrdruf—Tannroda nachzuweisen. Im Rotliegenden sind konzentrierte Salzlösungen vom Ca–Na–Mg- und Na–Ca–Mg-Typ vorhanden. Die Schichtwässer im Buntsandstein sind außerhalb der Gebiete mit Rötsalzverbreitung (Beispiel: Sondershausen 2) Süßwässer bzw. salzhaltige Wässer. Innerhalb der Verbreitungsgebiete des Rötsalzes sind gering- bis hochkonzentrierte Salzlösungen vom Na–Ca–Mg(1)-Typ charakteristisch.

Die Erdöl- und Erdgaslagerstätten im Staßfurtkarbonat sind an strukturelle Hochlagen gebunden. Sie stehen mit salinaren Restlösungen im Kontakt. Dort, wo sekundäre Einflüsse von Wässern zu verzeichnen sind, wie durch das Eindringen von alkalichloridischen Lösungen über Störungszonen, befinden sich die Lagerstätten im Stadium der Zerstörung (Beispiel: Fahner Höhe).

Für die Bildungsbedingungen der organischen Substanz, der Erdöle und Erdgase im Staßfurtkarbonat wurde an Hand der isotopen Zusammensetzung des Kohlenstoffs von MÜLLER & WIENHOLZ (1968a) ein genetisches Schema entwickelt (Abb. 13), das von den Ablagerungsbedingungen ausgeht.

Das atmosphärische CO_2 steht mit dem HCO_3^- des Meerwassers im Gleichgewicht. Durch kinetische Prozesse (Photosynthese, Assimilation) erfolgt eine Anreicherung von ^{12}C in den marinen Organismen. Das sich bildende Karbonat wird dagegen durch Gleichgewichtsprozesse mit ^{13}C angereichert.

Gelangt die sedimentierte Biomasse in die Stillwasserbereiche, so verändern anaerobe Bakterien die isotope Zusammensetzung des Kohlenstoffs. Sie erzeugen ^{12}C-angereichertes Methan und ^{13}C-angereichertes CO_2. Das CO_2 reagiert über das HCO_3^- im Meerwasser und kann die isotope Zusammensetzung der im Bodenkörper vorhandenen Karbonate verändern. Es bilden sich unter Einfluß von $MgCl_2$-Lösungen frühdiagenetisch die Dolomite (MÜLLER, THEILIG u. a. 1968). Die Biomasse ist bereits während der ersten Stadien der Diagenese in den obersten Zentimetern des Sediments, sowohl im Stoffbestand wie in der isotopen Zusammensetzung, starken Veränderungen ausgesetzt.

Es treten daher bei der Diagenese der organischen Substanz Isotopenfraktionierungen auf, die die Unterschiede der isotopen Zusammensetzung der Erdöle und der zur Sedimentation gelangten Biomasse bewirkten.

Mit zunehmender Absenkung der Sedimente unterliegt die organische Substanz dem Druck- und Temperatureinfluß. Größere Moleküle werden abgebaut. Dekarboxylisierungen und der Verlust von funktionellen Gruppen treten auf. Hiermit ist eine Bildung von isotop schwerem CO_2 mit einer Anreicherung von ^{12}C in dem organischen Material und den entstehenden Gaskomponenten vorhanden. Das organische Material wird bei

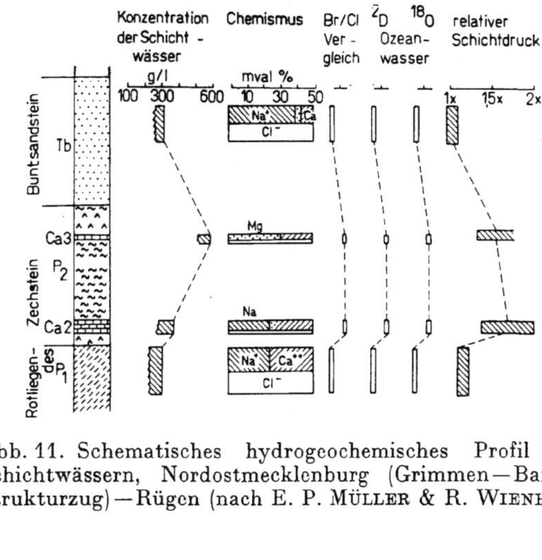

Abb. 11. Schematisches hydrogeochemisches Profil von Schichtwässern, Nordostmecklenburg (Grimmen—Barther Strukturzug)—Rügen (nach E. P. MÜLLER & R. WIENHOLZ)

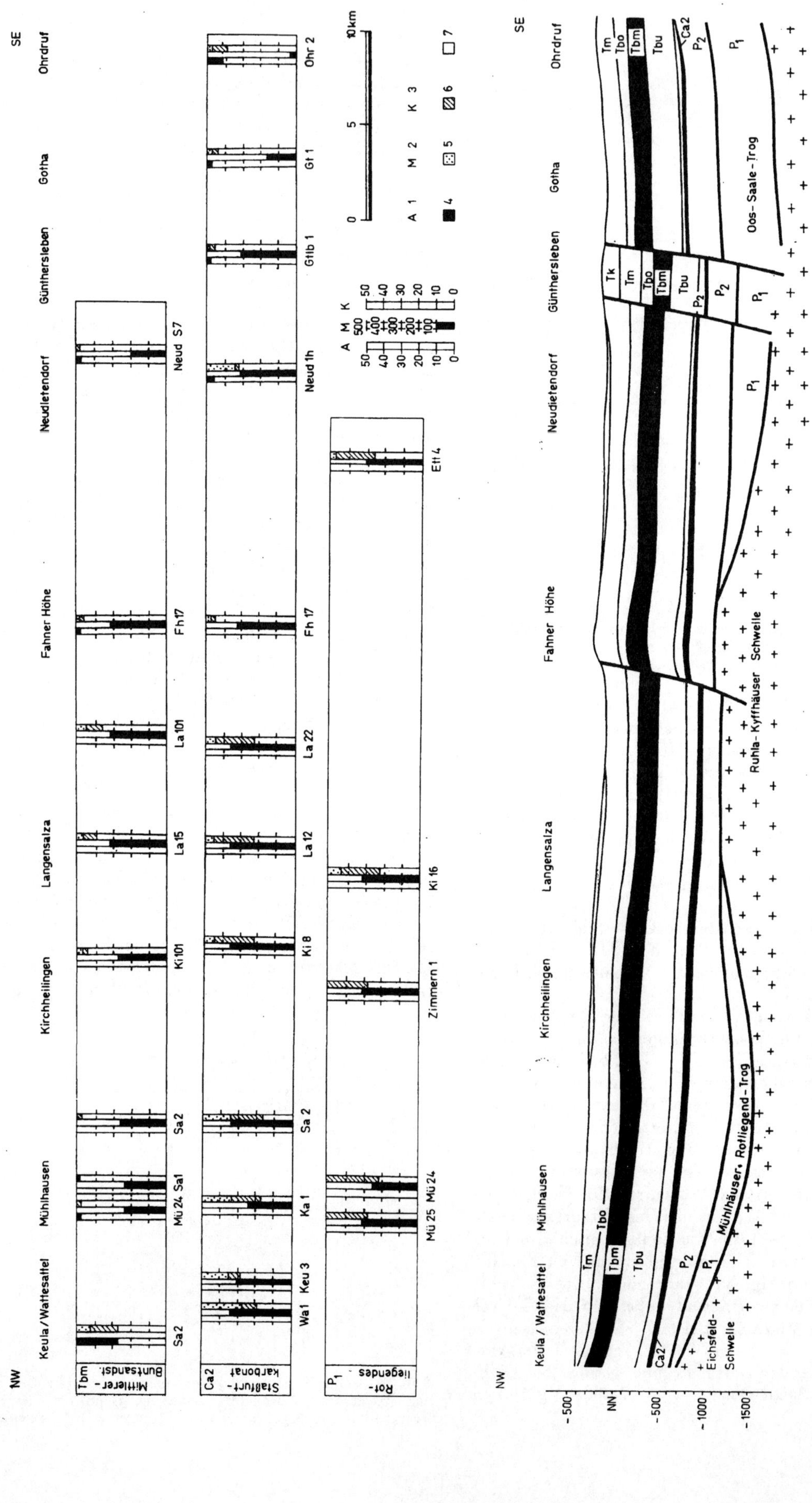

Abb. 12. Oben: Hydrogeochemisches Profil im Thüringer Becken (Makrochemismus)
Unten: Schematisches geologisches Profil durch das Thüringer Becken (nach W. MEINCKE 1966)

1 – Anionen mval-%, 2 – Konzentration g/l, 3 – Kationen mval-%, 4 – Konzentration g/l bzw. SO_4^{--}, HCO_3^-, CO_3^{--}, 5 – Mg^{++}, 6 – Ca^{++}, 7 – Cl^-, Br^- bzw. $K^+ + Na^+$

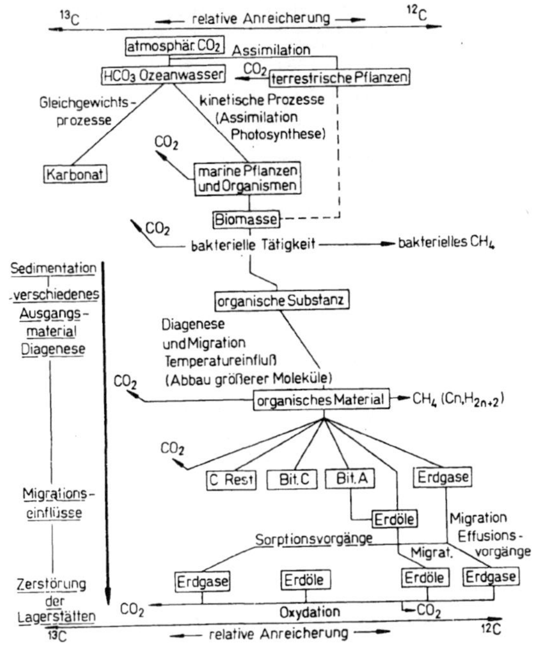

Abb. 13. Schema der Umbildungsprozesse der organischen Substanz und Genese der Lagerstätten im Staßfurtkarbonat anhand der isotopen Zusammensetzung des Kohlenstoffs (MÜLLER & WIENHOLZ 1968)

milder thermischer Beanspruchung der Sedimente während der Diagenese und Metamorphose in isotop relativ schwere Kohlenstoffverbindungen [CO_2, C-Rest (Kerogenanteil)] und relativ leichte Verbindungen (Bitumen C, A und Erdgaskomponenten) aufgespalten. Als wahrscheinliche Migrationsformen der Kohlenwasserstoffe wird die Migration in Tröpfchenform in den salinaren Reliktlösungen bzw. in der Gasphase, wie sie von SCHUSE (1967) untersucht wurde, angesehen. Durch sekundäre Prozesse (Migration, Oxydation, Dekarboxylisierung) wird entweder über das Bitumen A oder direkt die isotope Zusammensetzung der Gesamterdöle erreicht. Die Erdöle reichern sich während der Migration von den geschichteten in die oolithischen Dolomite bei gleichzeitiger Abnahme der hochmolekularen Komponenten (Aromaten, Harze, Asphaltene) mit ^{12}C oder ^{13}C, jeweils abhängig von der Molekülstruktur, an.

Das Methan und die leichten Kohlenwasserstoffkomponenten der Erdgase unterliegen bei der Migration Fraktionierungsvorgängen. Durch Sorptionsprozesse werden sie mit ^{13}C angereichert, während bei Effusionsvorgängen ihre isotope Zusammensetzung erhalten bleibt oder eine Anreicherung von ^{12}C erfolgt. Bei der Zerstörung von Kohlenwasserstofflagerstätten, besonders durch den Einfluß von Infiltrationslösungen, werden die Kohlenwasserstoffe oxydiert. Die Lagerstätten befinden sich dann im Stadium der Zerstörung.

Die Erdöl- und Erdgasakkumulationen im Staßfurtkarbonat hängen deshalb nicht direkt von der lithologisch-faziellen Ausbildung ab, sondern von der Differentiation der flüssigen und gasförmigen Phasen während der Akkumulationsprozesse, wobei die salinaren Reliktlösungen einen konservierenden Einfluß ausübten.

Zusammenfassung

Geochemische Untersuchungen an der dispersen organischen Substanz in Sedimenten und der Fluide des Poren- und Kluftraums ergeben Kriterien für die Einschätzung der Erdöl-Erdgas-Höffigkeit eines Territoriums. Ausgehend von einer Typisierung der Tiefenwässer, die Salzwässer bis sehr hoch konzentrierte Salzlösungen sind, werden die Gesetzmäßigkeiten ihrer Verteilung und der Genese im Thüringer Becken und im Nordteil der DDR untersucht.

Die Konzentration und Verteilung der dispersen organischen Substanz von Sedimenten wird in Abhängigkeit von der Stratigraphie und der Lithofazies betrachtet und an spezifischen Beispielen, wie an den Ablagerungen des Staßfurtkarbonats, ihre Bedeutung für das Auftreten von Muttergesteinen dargestellt. Der Einfluß der Tiefenwässer wird auf die Bildungs- und Erhaltungsbedingungen von Kohlenwasserstofflagerstätten im Staßfurtkarbonat (Perm) abgeleitet.

Резюме

Геохимические исследования рассеянного органического вещества в осадках и флюидов из порового и трещинного пространства выявляют критерии для оценки нефтегазоносности территории. Исходя из типизации глубинных вод, являющихся солеесными водами до высококонцентрированными рассолами, исследуются закономерности их распределения и генезиса в Тюрингенской впадине и в северной части ГДР.

Концентрация и распределение рассеянного органического вещества осадков рассматриваются в зависимости от стратиграфии и литофаций и на специфических примерах, как например, отложениях штасфуртского карбоната показывается их значение для проявления материнских пород. Делаются выводы о влиянии глубинных вод на формирование и условия сохранения месторождений углеводородов в штасфуртском карбонате (пермь).

Summary

From geochemical analyses of the disperse organic matter in sediments and of the fluids of their pore and joint volumes criteria result for estimating oil and gas prospects of a territory. Based on a typification of deep waters, which are salt waters up to highly concentrated salt brines, regularities of their distribution and genesis in the Thuringian basin and northern part of the G.D.R. are investigated.

The concentration and distribution of the disperse organic matter of sediments are considered as dependent on the stratigraphy and lithofacies, and their importance to the occurrence of mother rocks is illustrated by specific examples such as the sediments of the Stassfurt carbonate. The influence exerted by deep waters is derived on the conditions of formation and preservation of hydrocarbon deposits in the Stassfurt carbonate (Permian).

Literatur

ALEKIN, O. A.: Grundlagen der Wasserchemie. – Leipzig 1962.

ALEKSANDROW, W. A.: Klassifikation von Mineralwässern Grundlagen des Bäderwesens (russ.). – (1932).

BARS, E. A.: Die gelöste organische Substanz von Tiefenwässern und Möglichkeiten ihrer Anwendung in der Erdölgeologie. In: Geochemie und Hydrogeochemie der Erdöllagerstätten (russ.). – Isd.-wo Nauk, S. 86 bis 104, Moskau 1963.

BRAITSCH, O., & A. G. HERRMANN: Zur Geochemie des Broms in salinaren Sedimenten. Teil I: Experimentelle Bestimmung der Br-Verteilung in verschiedenen natürlichen Salzsystemen. – Geochim. et Cosmochim. Acta, 27, 361–391, London 1963.

BREDEHOEFT, J. D., u. a.: Possible mechanism for concentration of brines in subsurface formations. – Bull. Amer. Assoc. Petrol. Geol., 47, 257 bis 269, Tulsa 1963.

CHAVE, K. E.: Evidence on history of sea water from chemistry of deeper subsurface of ancient basins. – Bull. Amer. Assoc. Petrol. Geol., 44, 357–370, Tulsa 1960.

CHEBOTAREW, J. J.: Metamorphism of natural waters in the course of weathering. Part I–III. – Geochim. et Cosmochim. Acta, vol. 8, 22 bis 48; 137–170; 198–212 (1955).

ENGELHARDT, W. v.: Zum Chemismus der Porenlösung der Sedimente. – Bull. geol. Inst. Uppsala Univ., 40, 189–204, Uppsala 1961.

KARZEW, A. A.: Hydrogeologie der Erdöl- und Erdgaslagerstätten (russ.). – Gostoptechisdat, Moskau 1963.

MEENTS, W. F., A. H. BELL, O. W. REESE & W. G. TILLBURY: Illinois, oilfield brines. – Petrol., 66, Illinois Geol. Survey, Illinois 1952.
MÜLLER, E. P.: Hydrogeochemische Methoden in der Geologie. – Ber. dt. Ges. geol. Wiss., B, Miner. Lagerstättenforsch., 13, 2, 263–273, Berlin 1968.
MÜLLER, E. P., & R. WIENHOLZ: Isotopengeochemie und Erdölgenese. – Z. angew. Geologie, 14, 4, 176–182, Berlin 1968 [1968a].
– Über die Genese der Kohlenwasserstoffe der karbonatischen Ablagerungen im Zechstein (Ober-Perm) auf dem Territorium der DDR (russ.). – Geol. nefti i gasa, 5, 56–61, Moskau 1968 [1968b].
MÜLLER, E. P., F. THEILIG u. a.: Die isotope Zusammensetzung des Kohlenstoffs in Sedimenten des Perm und ihre Bedeutung für die Fazies. – Z. angew. Geol., 14, 5, 250–257, Berlin 1968.
MÜLLER, G., H. NIELSEN & W. RICKE: Schwefelisotopenverhältnisse in Formationswässern und Evaporiten Nord- und Süddeutschlands. – Chem. Geol., 1, 211–220, Amsterdam 1966.
PALMER, C.: The geochemical interpretation of water analysis. – U. S. Geol. Survey, Bull. 479 (1911).
PINNEKER, E. V., & I. S. LOMONOSOW: Konzentrierte Salzlösungen der Sibirischen Plattform und ihre Analogien in Asien, Europa, Afrika und Amerika. – Nachr. Akad. Wiss. UdSSR, Geol. Ser., 29, 10, 30–44 (1964).
RODIONOWA, X. F.: Geochemie der dispersen organischen Substanz und Erdölmuttergesteine der Ablagerungen im Devon des Wolga–Ural-Gebietes (russ.). – Verl. Nedra, Moskau 1967.
RONOW, A. B.: Der organische Kohlenstoff in sedimentären Gesteinen (russ.). – Geochimija, 5, 409–423, Moskau 1958.
SCHERBBTZOWA, J. K., & N. N. WOLKOWA: Experimentelle Studie des Verhaltens von Spurenelementen beim Prozeß der natürlichen Sonnenverdunstung von Schwarzmeerwasser und einer Salzlösung des Sasyk-Sivash-Sees (russ.). – Geochimija, 7, 832–845, Moskau 1966.
SCHOELLER, H.: Géochimie des eaux souterraines: application aux eaux des gisements de pétrole. – Revue de l'Inst. Français du Pétrole, 10, 219–246, 507–552, 823–874 (1955).
SUCHAREW, G. M.: Hydrogeologie und Wässer der Erdöl- und Erdgaslagerstätten (russ.). – Gostoptechisdat, Leningrad 1959.
SULIN, W. A.: Wässer der Erdöllagerstätten im System der natürlichen Wässer (russ.). – Gostoptechisdat, Moskau 1946.
WAGER, R.: Zum Chemismus tieferer Grundwässer in einem Teil Nordwestdeutschlands. – Publ. 37, Assoc. internat. hydrol. sci. (Assoc. gen. Roma, 2), 131–137, Rom 1955.
WALJASCHKO, M. G.: Methoden der physikochemischen Untersuchung von Mineralseen und Limanen (russ.). – (1935).
– Geochemische Methoden der Erkundung von Kalisalzlagerstätten (russ.). – Isd.-wo Moskauer Univ., Moskau 1966.
WALJASCHKO, M. G., u. a.: Geochemie und Genese von Salzlösungen des Irkutsker Amphitheaters (russ.). – Nauka, Moskau 1965.
WASSOJEWITSCH, N. B., u. a.: Hydrocarbons in the sedimentary mantle of the earth. – World Petrol. Congr., PD No. 1, 63–86, Mexiko City 1967.
WHITE, D. E.: Magmatic, connate and metamorphic waters. – Geol. Soc. Amer., Bull., 68, 12, 1659–1682, New York 1957.
WIENHOLZ, R.: Über den geologischen Bau des Untergrundes im Nordostdeutschen Flachland. – Jb. Geol., 1, 1–87, Berlin 1967.
ZAIZEW, J. K.: Einige Fragen zur Terminologie und zur Klassifikation unterirdischer Wässer. – Trudy WSEGEI, nov. Ser., vol. 46 (1961).

Eine Möglichkeit der übertägigen geologischen Bestimmung der Hydrodynamik des Randwassers von Erdöllagerstätten östlich von Kraków

W. BURZEWSKI, Kraków

1. Hydrodynamische Argumente aus der Geologie des Gebietes

Die Akkumulation von Kohlenwasserstoffen in den Obermalm- und Cenomanschichten im S der Nidasenke scheint in ungewöhnlicher Weise abgelaufen zu sein. Gegenüber dem gewöhnlichen Modell sind die spezifischen Gewichte des Erdöls umgekehrt angeordnet. Im südöstlichen Teil der Akkumulationszone kommt der Randwasserspiegel in einem Teilblock in –614 m Teufe vor, das Erdöl hat hier eine Dichte von 0,810 g/cm^3, im NW aber, bei –395 m Randwasserlage, ist sie 0,932 (JAWOR & KRUCZEK 1965).

Die Akkumulationszone streicht SE und liegt im NE einer gegen SE axial untertauchenden Struktur an. In dieser ist eine selektiv durchlässige karbonatische Malm-Serie von der fossilen Uferlinie eines transgredierenden, durchlässigen und detritischen Cenoman-Komplexes umgeben und dann mit übergreifenden mergeligen und undurchlässigen Oberkreideschichten, bis einschließlich Senon, abgedichtet und maskiert (KRUCZEK).

Der Randwasserdruck in der Akkumulationszone ist trotz der Zerteilung in Querblöcke mit verschiedener Randwasserhöhe überall konstant, er überschreitet den hydrostatischen Druck um 10 bis 12 at. Dieser Druck entspricht recht genau dem Druck im abgedeckten Profil des Grundwasserstockwerks in den Malmkalken der Hochzone von Kraków–Olkusz im W der abdichtenden Kreidedecke (Abb. A). Dabei hat man sowohl durch Feldarbeiten wie auch Bohrlochbeobachtungen festgestellt, daß sowohl dieses Malmstockwerk wie auch das durchlässige Profil in der Akkumulationszone einem gemeinsamen hydrogeologischen Tiefensystem der Nidasenke angehören. Die Migrations- und Speicherbedingungen der Akkumulationszone sind mit diesem System genetisch und dynamisch verbunden (BURZEWSKI 1966).

Eingang des Manuskripts in der Redaktion: 26. 8. 1968.
Vortrag, eingereicht zum Berg- u. Hüttenmännischen Tag 1968 in Freiberg, Sektion Geowissenschaften.

2. Das hydrodynamische Tiefensystem, eingepaßt in den laramischen und postlaramischen Umbau

Der strukturelle Umbau ist nach Ansicht von I. SOKOŁOWSKI (1966) und R. NEY (1968) ein steuerndes Merkmal in den außerkarpatischen Prospektionsgebieten. Die Nidasenke ist davon ein typischer Teil.

a) Prälaramischer Bau der wasserführenden Schichten des Gebietes

Über dem erodierten paläozoischen Strukturstockwerk liegen diskordant überdeckend die Dogger-Serie und der mergelige Neuvisienhorizont des untersten Malms. Dieser hat eine undurchlässige Basis für das hangende hydrogeologische System geschaffen, die im späteren Umbau unverletzt blieb und die für die in dieser Arbeit angestellten Erwägungen als „Unterkante" dient. Darüber gibt es in den Malmkarbonaten zwei flüssigkeitsführende Komplexe. Der untere besteht aus klüftig-permeablen Kalken des Argovien und Rauracien, der obere aus drei klüftig-porösen Kalkhorizonten inmitten sonst undurchlässiger Kalke und Mergel des Astartien und des Kimmeridge.

Die Malm-Serie wurde vor dem Cenoman in flachgewellte Strukturen mit nach SE eintauchenden Längsachsen gelegt; eine von ihnen enthält auf ihrem Nordostschenkel die heutigen Erdöllager. Dann erfolgte noch präcenoman eine Peneplainisierung. Die die Lagerstätten enthaltende Struktur behielt jedoch ihre Wölbung bei, wurde sogar intracenoman und postcenoman wiederbelebt, so daß der fossile primäre Uferrand mit den durchlässigen Cenomansandsteinen und den undurchlässigen Konglomeraten die Struktur umrandet. Der Cenoman-Komplex legt sich mit schwacher Winkeldiskordanz an die Schenkel der prälaramischen Struktur an. Dadurch sind die durchlässigen Kalke des höheren Malms durch die durchlässigen Cenomansandsteine längs ihres präcenomanen Anschnitts abgedeckt und bilden nun gemeinsam ein Grundwasserstockwerk, das von den übergreifenden hangenden Mergeln abgedichtet und maskiert wird (Abb. B, a, b, c).

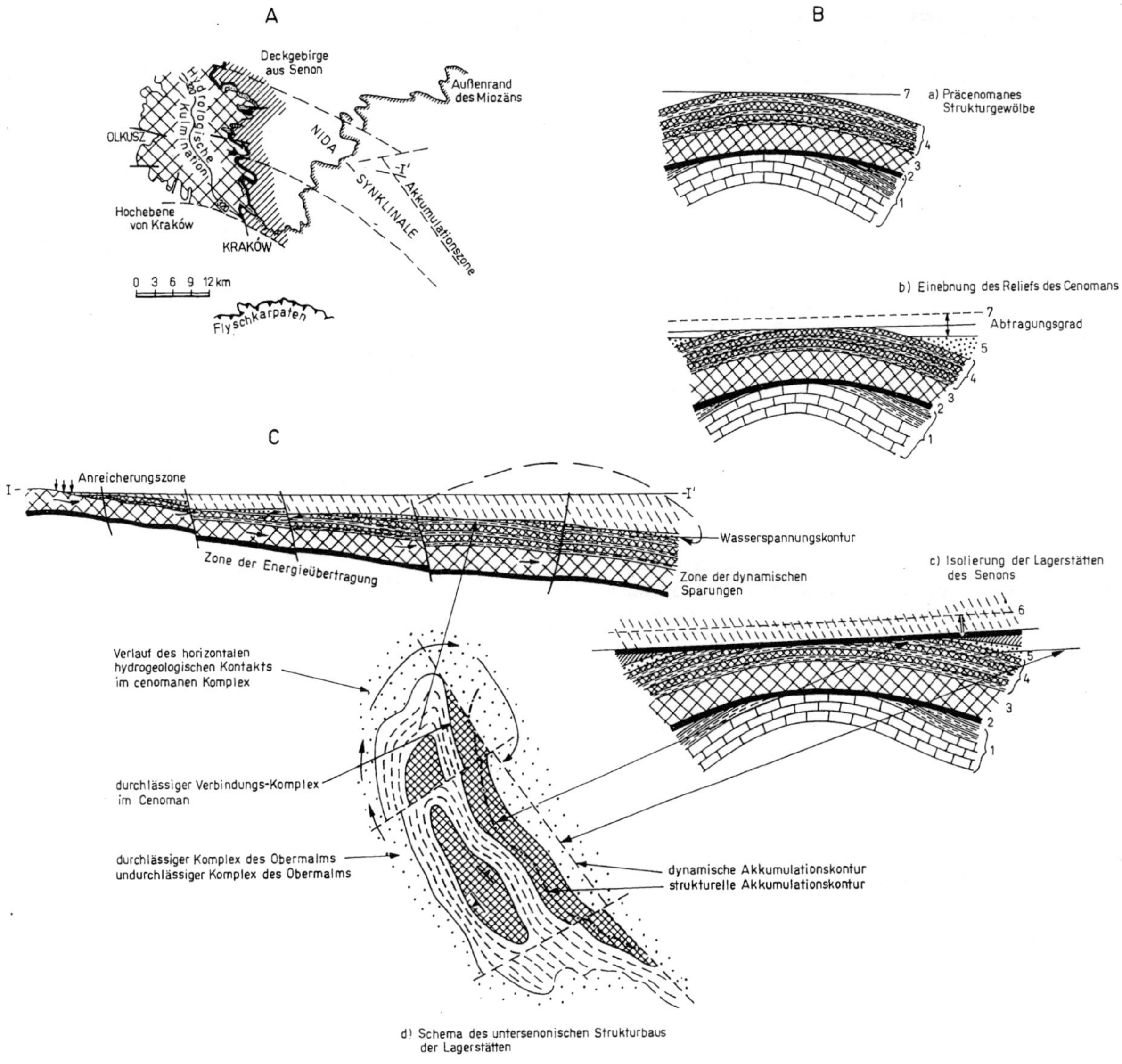

Abb. A. Struktureller Bau zur Erklärung der Hydrodynamik im Wasserstockwerk des Malms
B. prälaramische Ausbildung des Wasserstockwerks in mesozoischen Schichten
1 – Paläozoikum; 2 – wasserdichte Mergelabdeckung; 3 – Wasserstockwerk des Untermalms; 4 – Wasserstockwerk des Obermalms; 5 – durchlässiger Cenoman-Komplex; 6 – Deckgebirge von Senon; 7 – Bezugsfläche
C. postlaramische hydrodynamische Anordnung

b) Laramische und postlaramische Ausbildung der lagerbildenden Dynamik

Postkretazisch wurde das behandelte Gebiet als Südwestflügel der Nidasenke, einer neugebildeten Großstruktur, umgebaut (Abb. C). Dabei sind prälaramische Mittelstrukturen samt der Umgebung hochgehoben worden bzw. niedergesunken und wurden allgemein gegen die Achse der Großsenke hin gekippt.

Im hochgehobenen Südwestflügel der Nidasenke sind die Malmkarbonate in der Hochzone von Kraków—Olkusz bis zum Rauracien und Argovien aufgeschlossen; am Südwestrand der Kreidedecke wurden verschiedene prälaramisch geschaffene Schnitte der Malm/Kreide-Grenze bloßgelegt. Darüber hinaus sind hier auch neue Kombinationen in der Auflagerung des Cenomansandsteins auf die Rauracienkalke gegeben. Dies besagt, daß es in der Tiefe auch Stellen gibt, an denen nicht nur eine hydrogeologische Verbindung zwischen höherem Malm und Cenoman besteht, sondern auch zwischen Cenoman und den durchlässigen Kalken des unteren Malms, was in der aufgeschlossenen Hochzone unmittelbar zu sehen ist.

So scheint es Verf. ersichtlich, daß im heterogenen prä- und postcenomanen Tiefenbau die verschiedenen Kontaktmöglichkeiten überall verbreitet sind und die Schichten auch Wasser führen. Der Flüssigkeitsübertritt ist dabei nicht flächenhaft, sondern verläuft über ein kombiniertes Verbindungsnetz. In diesem Netzbereich stellt der lagerstättenführende Nordostschenkel der prälaramischen gekippten Struktur eine Falle dar. In dieser Falle ist das obere, aus Kalken und diskordant darüberliegendem Cenomansandstein bestehende Wasserstockwerk in seiner Anstiegsrichtung von den übergreifenden mergeligen postcenomanen Kreideschichten abgedichtet. Auch die cenomanen Konglomerate tragen zur Abdichtung bei. Diese Falle ist in ihrem gehobenen, oben und seitlich abgedichteten Teil mit Erdöl erfüllt, das auf dynamischem Randwasser liegt. Dies stellt die mögliche Verbindung mit dem gesamten hydrodynamischen Tiefensystem dar, was nicht zuletzt durch die obenerwähnten Überdrücke bestätigt wird.

Die Zone der Lagerstätte muß einer stagnierenden Stelle des hydrogeologischen Verbindungsnetzes entsprechen. In diese Falle sollte, entgegen der Schablone, das im Südwestflügel der Nidasenke gegen die Achse zu absteigende Grundwasser durch eine lokale Gegenbewegung aufwärts abgelenkt werden und dort Erdöl absondern.

Diese Falle, die nach obigen Erwägungen während der laramischen Tektonik entstehen konnte, ist zusätzlich durch postlaramische intramiozäne Verwerfungen in Quersegmente geteilt worden. In ihnen steigen, von der strukturellen Höhe jedes Blockes unabhängig, alle individuellen Grundwasserspiegellagen allgemein gegen NW an. Auch die spezifischen Gewichte der Erdöle steigen in dieser Richtung an, was bereits erwähnt wurde.

Die beiden obenangegebenen Merkmale lassen eine Analogie mit dem von W. C. Gussow angegebenen Akkumulationsprinzip vermuten, das eine ansteigende Anordnung der Erdölschichten bei miteinander verbundenen ansteigenden Fallen behauptet. Das Prinzip von Gussow kann als bekannt vorausgesetzt werden.

Wäre das Prinzip auch in unserem Fall anwendbar, dann müßte die Segmentreihe von SE her gefüllt worden sein. Das würde erstens bedeuten, daß sich von dem allgemein absteigenden Flüssigkeitsstrom lokal ein umgekehrter Zweig abgesondert hätte. Zweitens würde das bedeuten, daß, unabhängig vom postlaramischen Einsatz der allgemeinen Flüssigkeitsbewegung, die Entstehungszeit der heutigen Lagerstätte nicht vor der Zeit der Bildung der intramiozänen Querverwerfungen liegen könnte.

3. Vorteile der Analyse der Migrationsrichtungen

Die obigen Bemerkungen scheinen Verf. zu beweisen, daß es in einem hydrogeologischen System geeignete Akkumulationszonen für Erdöl und Erdgas überall geben kann. Ferner scheint es möglich zu sein, falls man in solchen Tiefensystemen die Kraftvektoren nach Größe, Richtung und struktureller Lage erkennen kann, diese als Prospektionshilfsmittel zu gebrauchen. Dabei hat die Frage der Muttergesteine mindestens von einem bestimmten Stadium ab in den Hintergrund zu treten, weil die Dynamik der unterirdischen Wässer die Kohlenwasserstoffe weit von ihren Entstehungsorten fortführen kann. Die Wege lassen sich aufspüren und bis zur Speicherstelle verfolgen.

Das in dieser Arbeit angegebene Beispiel scheint Verf. zu beweisen, daß in solchen hydrogeologischen Tiefensystemen ein Verbindungsstück zwischen dem Wassereinzugsgebiet und dem Erdöllager, das stellenweise nicht lang zu sein braucht, auch in ungewöhnlicher Form vorhanden sein kann.

Zusammenfassung

Die Speicherbedingungen in den NW streichenden, jüngstkimmerischen und laramisch überprägten Strukturen des Nida-Synklinoriums östlich Kraków lassen die Annahme zu, daß man die Ernährung ihrer Randwässer an den Juraaufschlüssen des Südwestrandes des Synklinoriums von Kraków—Olkusz studieren kann. Das scheint sich aus der Druckverteilung und der Kontinuität des heterogenen Strömungsprofils zu ergeben. Man bekommt so ein hydrodynamisches Modell, das für die Erkundung wertvoll ist.

Резюме

Коллекторские условия простирающихся в северозападном направлении наипоздних киммерийских и ларамически переработанных структур синклинория Нида восточнее Кракова позволяют предполагать, что питание краевых вод этих структур можно изучать на юрских обнажениях юго-западного края синклинория Краков-Олькуш. Это, возможно, получается из распределения давления и непрерывности гетерогенного профиля потока. Таким образом можно получить гидродинамическую модель, которая важна для разведки.

Summary

From the conditions of accumulation in the youngest Kimmerian structures striking N. W. and overstamped by laramic folds of the Nida synclinorium east of Cracow can be assumed that the nutrition of their edge waters can be studied in the Jurassic exposures of the southwest margin of the Cracow—Olkusz synclinorium. This may be concluded from the distribution of pressure and continuity of the heterogeneous flow profile. Thus a hydrodynamic model valuable for exploration is obtained.

Literatur

Burzewski, L.: Der Grad der Abbildung der tiefen Strukturen der Nidaer Mulde durch den Krakauer Jura. — Mitt. Sitz.-Kommiss. Filiale poln. Akad. Wiss., Kraków 1966.

Jawor, E., & J. Kruczek: Abriß der Tektonik und Lagerstättenverhältnisse des Ölfeldes im Gebiet von Bochnia. — Geologia i Geofizyka Naftowa, 4, Kraków 1965.

Levorsen, A. J.: Geology of Petroleum. — San Francisco 1955.

Ney, R.: Die Rolle des Krakauer Gürtels in der Geologie der Karpatenvorsenke und in der Verteilung von Erdöl- und Erdgaslagerstätten (engl. Teil). — Poln. Akad. Wiss., Filiale Kraków, Geologische Arbeiten 45, Geol. Verl., Warschau 1968.

Sokołowski, J.: Geologische und strukturelle Charakteristik des Sudetenvorlandes (engl. Teil). — Poln. Akad. Wiss., Geologia sudetica, Vol. III (1966).

Tokarski, A.: Der gegenwärtige Stand der Erkundung der Erdöl- und Erdgasmöglichkeiten Polens und die Bedingungen für den Fortgang der Arbeiten. — Nafta, 9, Katowice 1966.

Über die Rolle anomaler Schichtdrücke bei der Entstehung von Erdgas- und Erdöllagern

J. A. Melnikow, UdSSR

In einer Reihe von Arbeiten sind in letzter Zeit Fragen über die Natur der Schichtdrücke in mesozoischen Ablagerungen in den Vorgebirgen des östlichen Kaukasus erörtert worden. Dieses erhöhte Interesse ist dadurch gerechtfertigt, daß in den Zonen hydrodynamischer Anomalien solche hochergiebigen Erdöllagerstätten wie Samankul, Karabulak — Atschaluki, Malgobek—Wosnessenskoje, Chajan—Kort und Starogrosnenskoje eingeschaltet sind, deren Entstehung mit solchen Anomalien in Zusammenhang gebracht werden kann. Zwar bestreitet W. M. Nikolajew (1960) die hydrodynamische Abgeschlossenheit der oberkretazischen Ablagerungen, andere Experten aber sind der Ansicht, daß diese Zonen isolierte Speicher darstellen, in denen anomale Drücke durch das Eindringen einer gewissen Menge von Flüssigkeiten entstanden sind. Ein Migrationszusammenhang zwischen den Speichern und den benachbarten Schichten kann, wie I. G. Kissin (1964) bemerkt, nur in geologischen Zeiträumen zustande kommen. In der nachfolgenden Tabelle sind einige Daten über die Schichtdrücke und reduzierten

Aus: „Geologija nefti i gasa", 11, H. 9, S. 46—49 (1967). Übers.: R. Hoechst, Berlin.

Tabelle

Alter	Fläche, Bohrung	Teufe bis zur Mitte des Filters, in m	hydrostatischer Druck, P_{hyd}, in at	Schichtdruck, P_{Sch} in at	P_{Sch}/P_{hyd}	reduzierter Druck (absolute Höhe), in m
Obere Kreide	Samankul, 18	2172	224	335,7	1,50	2064
	Karabulak-Atschaluki, 18 A	2410	248	349	1,41	1558
	Sernowodsk, 10	3154	325	409,5	1,26	1411
	Malgobek-Wosnessensk, 740	2893	298	475	1,59	2483
	Ali-Jurt, 100	2828	291	487	1,67	2411
Untere Kreide	Chajan-Kort, 3	3500	361	546	1,51	2310
	Samankul (Barrême), 24	3046	317	380	1,20	1629
	Karabulak-Atschaluki, 90 (Apt)	2586	267	354	1,33	1549
	28 — A (Valendis)	3225	338	409	1,21	1530

Höhen in den mesozoischen Ablagerungen der Sunshensker und Tersker Antiklinalen angeführt.

Das Eindringen der Fluida in einen praktisch isolierten Speicher oder die Verkleinerung des Speicherumfangs bei einem erschwerten Abfluß als Ergebnis tektonischer Spannungen durch Faltenbildung oder zunehmenden Gebirgsdruck bei konstantem Volumen an sättigenden Fluida erklärt nicht alle möglichen Gründe für die Entstehung anomaler Drücke in den isolierten Schichtsystemen. Es soll hier noch ein weiterer möglicher Fall für die Entstehung hydrodynamischer Anomalien in abgeschlossenen Schichtspeichern betrachtet werden, der mit der Herausbildung von Erdgas-Erdöl-Akkumulationen verbunden ist.

Die Bildung der Erdöl- und Erdgasakkumulationen in Speichern ist von einem Prozeß der gravitativen Trennung der Fluida begleitet. Die Einwirkung der Gravitationskräfte spielt sowohl bei der Bildung der Erdöl- und Erdgaslager aus diffusen Kohlenwasserstoffen als auch bei der Umbildung früherer Akkumulationen durch Störung der Konservierungsbedingungen der Lager eine Rolle.

Der Auftrieb der Kohlenwasserstoffe in klüftig-porösen Schichten oder Gesteinsmassiven bewirkt das spontane Anwachsen der Drücke in einem Schichtensystem. Ähnliche Erscheinungen sind in der Erdölindustrie als Segregation einer vergasten Flüssigkeit bekannt.

Die spontane Drucksteigerung in Erdgas-Erdöl-Gemischen bei der gravitativen Trennung unterliegt einem spezifischen Gesetz. Ihr Auftreten hat seine Ursache einerseits in der Differentiation der Schichtflüssigkeit infolge der Differenz der Dichtewerte von Kohlenwasserstoffen und Wasser, auf der anderen Seite in den Unterschieden der Werte der Kompressibilitätskoeffizienten. In den Infiltrationsschichtensystemen wird ein Effekt der spontanen Druckerhöhung wegen einer vergleichsweise schnell erfolgenden Umverteilung der Drücke praktisch nicht bemerkt. Besonders anschaulich ist dieser Effekt bei der Akkumulation der Kohlenwasserstoffe in abgeschlossenen Schichtensystemen. Als Beispiel dafür kann man die vorhandenen Zonen mit anomal hohen Schichtdrücken ansehen.

Beim Aufsteigen eines bekannten Erdölvolumens V_E (s. Abb.) aus der Tiefe H_1, in der der Schichtdruck gleich P_1 ist, bis zur Tiefe H_2 mit einem Schichtdruck von P_2 ist das Erdöl infolge der Veränderung des Drucks im Volumen V_E von P_1 auf P_2 bestrebt, sein Volumen um die Größe der elastischen Reserve zu verändern. Dies wird durch die Formel ausgedrückt:

$$\Delta V_E = \beta_E \cdot V_E (P_1 - P_2)$$

Das Bestreben des Erdölvolumens V_E in der Tiefe H_2, sich im Falle eines aus irgendwelchen Gründen isolierten Schichtensystems um ΔV_E zu verändern, verursacht eine Erhöhung des Drucks von P_2 auf P_x. Im Zusammenhang damit kann man die Elastizitätsreserve des Erdölvolumens V_E durch die Gleichung ausdrücken:

$$\Delta V_E = \beta_E \cdot V_E (P_1 - P_x) \qquad (1)$$

Die Steigerung des Drucks von P_2 auf P_x ruft eine Verkleinerung des Wasservolumens V_W im betrachteten System um die Größe der Elastizitätsreserve

$$\Delta V_W = \beta_W \cdot (P_x - P_2) \qquad (2)$$

hervor. Dabei ist wegen der Abgeschlossenheit des Schichtensystems

$$\Delta V_E = \Delta V_W$$

Wenn wir die rechten Teile der Gleichungen (1) und (2) gleichsetzen und Umwandlungen vornehmen, erhalten wir in allgemeiner Form eine Gleichung für die Erhöhung des Schichtdrucks in einem isolierten Schichtensystem bei gravitativer Trennung der Fluida.

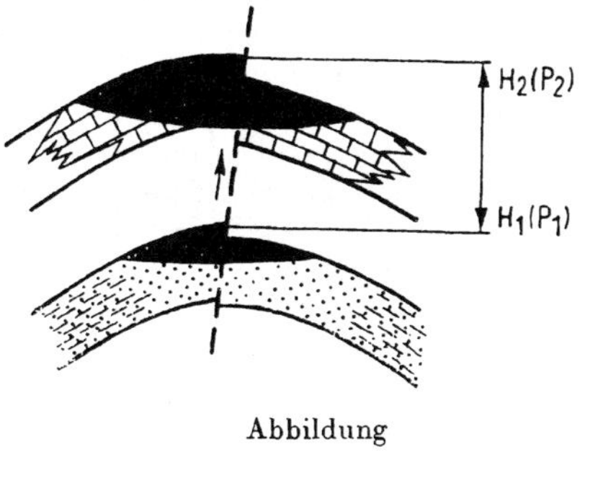

Abbildung

Sie lautet:

$$P_x = \frac{\frac{\beta_E \cdot V_E}{\beta_W \cdot V_W} \cdot P_1 + P_2}{\frac{\beta_E \cdot V_E}{\beta_W \cdot V_W} + 1} \quad (3)$$

Darin sind:

P_1 und P_2 — Schichtdruck in den Tiefen H_1 und H_2;
β_E und β_W — Kompressibilitätskoeffizienten des Schichterdöls und Schichtwassers;
V_E und V_W — Volumen des Erdöls und Wassers im Schichtensystem;
P_x — Druck, der bei der gravitativen Trennung der Fluida in einem isolierten Schichtensystem entsteht.

Die Verteilung der Erdöllager in den mesozoischen Ablagerungen des Vorgebirges unterliegt in hohem Grade dem Auftreten und der Entwicklung von Klüftungen und Störungen als Ergebnis tektonischer Bewegungen, die in der präaktschagylen Phase wirksam waren und zur Entstehung der Sunshensker und Tersker Strukturen geführt haben. Bis in die Gegenwart hinein wurden Erdölzuflüsse und Erdöllager in den oberkretazischen Ablagerungen fast auf der ganzen Erstreckung der Tersker und Sunshensker Antiklinalen entdeckt. Die Erdölakkumulationen sind in massive, aus Kalksteinen zusammengesetzte Schichten eingeschaltet; ihre Verteilung wird durch Mikro- und Makroklüfte, hauptsächlich tektonischer Entstehung, kontrolliert. Die Erdölführung der unterkretazischen Ablagerungen ist vorerst nur auf den Strukturen von Samankul und Karabulak—Atschaluki nachgewiesen, wobei die Verteilung der Erdölakkumulationen in der unteren Kreide in Nachbarschaft der Lagerstätten überaus ungleichmäßig ist.

In der Lagerstätte Samankul sind die Valendis- und Barrême-Ablagerungen (Horizonte VII und IX), in der Lagerstätte Karabulak—Atschaluki, die Ablagerungen des Apts (Horizonte II, III, IV, V_1 und V_2) erdölführend. Es muß bemerkt werden, daß sich die Karabulak—Atschaluker Antiklinale durch eine deutlich ausgeprägte Dislokation auszeichnet. Sie ist durch Verwerfungen mit verschieden großen Amplituden (die größte Überschiebung erreicht 800 m) zerstückelt. Die Lagerstätte Samankul, in mesozoischen Ablagerungen, ist strukturell an eine ungestörte Antiklinale mit flachem Scheitel gebunden.

Augenscheinlich steht die Erdölsättigung der oberen Teile des Unterkreideprofils in der Lagerstätte Karabulak—Atschaluki auch mit der größeren Störung der Struktur in Zusammenhang. Durch die komplizierte tektonische Überprägung der Antiklinale wurden die Bedingungen gestört, die zur Erhaltung der Valendis- oder Hauterive-Barrême-Lager geführt hatten. Als unbestrittenes Zeugnis für die Bewegung der Fluida innerhalb des Profils sind, wie BOLTYSCHEW (1964) bemerkt, die Kalzit-Pyrit-Ausfüllung in Hohlräumen von Kernen des unteren Teils der Oberkreide in der Lagerstätte Malgobek-Wosnessenskoje anzusehen. Dabei haben die Klüfte mehrmalig eine flüssigkeitsleitende Rolle gespielt, wovon Kalzitausfüllungen verschiedener Generationen mit deutlichen Spuren einer mehrmaligen Öffnung der Spalten Zeugnis ablegen.

Bei den Lagerstätten Karabulak—Atschaluki und Samankul legen neben ähnlichen Erscheinungen in den oberkretatischen Kalksteinen auch bei den Gesteinen der Unterkreide nicht selten an den Kernen aus sandigen und tonig-aleuritischen Schichten zu beobachtende Kalzittrümer Zeugnis vom Vorhandensein von Klüften ab. Abgesehen davon treten häufig Spülverluste über das ganze Profil hin auf.

Die Öffnung von Wegen zur vertikalen Migration der Fluida hat eine Neuverteilung der Erdgas-Erdöl-Akkumulationen im Profil der mesozoischen Ablagerungen bewirkt, was zur spontanen Steigerung der Schichtdrücke in dem oberkretazischen, klüftigen Gesteinskomplex und zum Auftreten anomal hoher Schichtdrücke geführt hat.

Die Möglichkeit zur Erzielung eines Effekts der spontanen Steigerung der Schichtdrücke soll an einem Zahlenbeispiel gezeigt werden, das Ähnlichkeit mit bestimmten Bedingungen der Lagerstätte Karabulak—Atschaluki aufweist.

Die Parameter des oberkretazischen Erdöls und Schichtwassers sind $\beta_E = 30 \cdot 10^{-5}$ at bzw. $\beta_W = 5 \cdot 10^{-5}$ at. Wenn man annimmt, daß sich das oberkretazische, in einer Tiefe von 2000 m ($P_2 = 200$ at) befindliche Erdöllager aus Kohlenwasserstoffen gebildet hat, die aus 3000 m Tiefe ($P_1 = 300$ at) aufsteigen — was der Tiefenlage der Valendis-Ablagerungen entspricht — und der Einfachheit halber Berechnungen derart zuläßt, daß die Bewegung des Erdöls durch Sedimente mit gleichen Volumina V_E vor sich geht, die sich in bezug auf das Volumen des Schichtwassers wie $V_E/V_W = 10^{-3}$ verhalten, wenn man die Gleichung (3) auflöst, findet man, daß P_x 201,7 at beträgt. Auf diese Weise steigt der Schichtdruck in der Tiefenlage des oberkretazischen Lagers von 200 auf 201,7 at.

Jedes neue Volumen V_E wird den Schichtdruck um 1,7 at vergrößern. 60 V_E werden ausreichen, den Druck in dem sich bildenden Lager um 100 at auf insgesamt 300 at zu erhöhen. Damit hängt zusammen, daß das Verhältnis des Schichtdrucks zum ursprünglichen hydrostatischen $P_{Sch}/P_2 = 1{,}5$ beträgt.

In der Tab. werden die Ergebnisse über die reduzierten „Horizonte" und über das Verhältnis der Schichtdrücke zum hydrostatischen Druck in den mesozoischen Ablagerungen der Tursker und Sunshensker Antiklinalen aufgezeigt. Wenn man die tatsächlichen Verhältnisse der Schichtdrücke zu den hydrostatischen mit dem rechnerischen Wert vergleicht, so kann man sich davon überzeugen, daß man vergleichbare Ergebnisse erhält.

Somit ist in geschlossenen Schichtensystemen, mit denen die oberkretazischen Speicher des Tersker und Sunshensker Gebiets Ähnlichkeit haben, die Entstehung von anomalen Drücken auf ein spontanes, auf der Bildung von Erdgas-Erdöl-Lagern beruhendes Ansteigen der Drücke zurückzuführen.

Literatur

BOLTYSCHEW, N. N.: Die Schichtdrücke und hydrostatischen Drücke in den oberkretazischen Ablagerungen des westlichen Teils des Tersker Gebirgskamms. — Trudy GrozNII, Ausg. 17 (1964).

KISSIN, I. G.: Das artesische Becken des östlichen Vorkaukasusgebiets. — Verl. Nauka (1964).

MERKULOW, A. W.: Die Natur der Schichtdrücke in den Erdöllagern der Kreideablagerungen in der ASSR der Tschetschenen und Inguschen und die Methodik ihrer Bestimmung. — Trudy GrozNII, Ausg. 14 (1963).

MERKULOW, A. W., & M. A. JANKEWITSCH: Zur Frage nach der Natur der Schichtdrücke in den oberkretazischen Erdöllagern der ASSR der Tschetschenen und Inguschen. — Trudy GrozNII, Ausg. 9 (1961).

NIKOLAJEW, W. M.: Die Schichtdrücke in den oberkretazischen Ablagerungen der Schwarzen Berge und Vorgebirgskämme. — Trudy GrozNII, Ausg. 8 (1960).

TCHOSTOW, B. A.: Die ursprünglichen (Anfangs-)Schichtdrücke in Erdöl- und Erdgaslagerstätten. — Verl. Gostoptechisdat (1960).

Über die räumliche Gliederung der westsibirischen erdöl- und erdgasführenden Provinz

I. I. NESTEROW, N. N. ROSTOWZEW & M. J. RUDKEWITSCH, UdSSR

Gegenwärtig sind in Westsibirien nicht nur der äußere Umriß der Provinz, sondern auch die Grenzen der erdöl- und erdgasführenden Gebiete und Bezirke bestimmt, und es wurde eine vergleichende Einschätzung ihrer potentiellen Ressourcen vorgenommen. Man stellte die Gesetzmäßigkeit fest, wonach der stratigraphische Bereich der Erdöl- und Erdgasführung, die mittleren Abmessungen der Lager und die spezifische Dichte der Vorräte von den randnahen Teilen der Tafel zum Zentrum hin und in nördlicher Richtung zunehmen. In bestimmtem Grade entspricht diese Zunahme dem Bau der Tafelüberdeckung.

Insgesamt stellt die Westsibirische Tafel eine ausgedehnte schüsselförmige Senke dar, die mit den sedimentären Schichtenfolgen des Juras, der Kreide und des Paläogens angefüllt und von allen Seiten von prämesozoisch konsolidierten Faltensystemen umgeben ist. Die Mächtigkeit der Tafelüberdeckung steigt von einigen hundert Metern nahe dem Tafelrand auf 6 bis 7 km in der zentralen nördlichen „trichterförmigen Öffnung", die sich zwischen Taimyr, der Sibirischen Tafel und Paj-Choj erstreckt (Abb.).

Die schüsselförmige Senke besitzt im S und W einen breiten, im N und E einen schmalen randnahen äußeren tektonischen Gürtel, der Systeme von Monoklinalen und nichtabgeschlossenen Aufragungen darstellt.

Im Zentralteil der Tafel wird ein inneres tektonisches Gebiet ausgeschieden, das die Form einer deutlich gegliederten Senke aufweist, in der sich rundliche und langgestreckte, in sich geschlossene Hebungen (Gewölbe, große Wälle) und Depressionen (Senken, große Durchbiegungen) aussondern lassen. Die großen geschlossenen Hebungen werden in der Hauptsache im NE vom Irtysch, im E von der Linie Chanty—Mansijsk—Salechard und im W von der Tas—Jenissei-Wasserscheide begrenzt. Im wesentlichen wurden nur beim Bohren auf den großen, in sich geschlossenen Hebungen des inneren Gebiets Erdöllager vom Antiklinaltyp nachgewiesen. Zwischen Ob und Irtysch wurden solche Akkumulationen vor allem in den jurassischen Ablagerungen, im mittleren Obgebiet sowohl im Jura als auch in den mächtigen terrigenen Folgen des Neokoms aufgeschlossen. Im N, in dem ausgedehnten Raum der Nadym-Tas-Wasserscheide, wurden große Erdgaslager in der sandigen Folge des Apt—Cenomans unter der regionalen tonigen Überdeckung von Turon bis Paläogen entdeckt. Die Horizonte des Neokoms und Juras sind hier noch nicht erkundet. So wächst der stratigraphische Bereich der Erdöl- und Erdgasführung innerhalb des inneren Gebiets der Tafel deutlich nach N in Richtung des allgemeinen Abtauchens der Senke und der Mächtigkeitszunahme der Sedimentfolgen.

Dabei ist es interessant, daß mit dem allgemeinen Abtauchen nicht nur die Mächtigkeit zunimmt, sondern auch die Amplitude der Strukturen sowohl hinsichtlich der Fundamentoberfläche als auch bezüglich der Horizonte der Tafelüberdeckung ansteigt.

Westlich des Schirotnij Priobje, innerhalb des Nadym—Jenissei-Zwischenstromlandes, sind Hebungen mit großen Amplituden aus oberkretazischen und paläogenen Schichtenfolgen festzustellen. Das hängt mit dem aktiven differenzierten Aufstieg des Nordteils der Niederung im Neogen zusammen. Dadurch wurden günstige Bedingungen für die Bildung großer Erdgaslager im Apt—Cenoman-Komplex geschaffen. Die Südgrenze des auf Erdgas im Apt—Cenoman höffigen Raumes wird unmittelbar von einem Gebietsteil kontrolliert, der von der neogenen Aktivierung erfaßt wurde und nicht den jungen Bewegungen mit aufsteigender Tendenz unterworfen war.

Die Gesamtheit der strukturell-tektonischen, lithologisch-paläogeographischen und geochemischen Kennziffern, vor allem der faziell-geochemischen und tektonischen Faktoren, bestimmt die Gliederung der westsibirischen Provinz nach der Erdöl- und Erdgashöffigkeit. Sie wird in 12 Gebiete unterteilt (Abb.). Die erdöl- und erdgasführenden Gebiete der großen inneren Hebungen (Nadym—Pur-, Pur—Tasow-, Mittelob-, Frolow-Hebung u. a.) sind an Systeme von Gewölben und großen Wällen oder Senken gebunden, die den Zentralteil der Geosyneklise komplizieren. Sie sind ebenso wie die erwähnten Hebungen in submeridionaler Richtung orientiert. In den randlichen Teilen der Tafel wird ein Gebiet ausgesondert, das an den begrabenen Osturalabhang gebunden ist.

Gegenwärtig besitzen die Gebiete und Bezirke der großen inneren Hebungen das meiste Interesse für die Suche und Erkundung von Erdöl- und Erdgaslagerstätten. Das erdöl- und erdgasführende Nadym—Pur-Gebiet wird durch mächtige jurassische und kretazische Ablagerungen und durch Strukturverhältnisse charakterisiert, die die Bildung mehrschichtiger Erdöllagerstätten mit Lagern vom Scheiteltyp und bedeutender Erdgasansammlungen begünstigen. Vor kurzem wurden hier einige große Erdgaslagerstätten im Cenoman unter einer Turon—Paläogen-Bedeckung entdeckt. Die Vorräte der Urengoj-Lagerstätte übersteigen nach vorläufiger Einschätzung 1,5 Trillionen m³, womit sie an erster Stelle in der Welt steht.

Die potentiell erdölführenden Ablagerungen des Juras und Neokoms sind noch nicht erkundet. Innerhalb des Gebiets sind die Konturen von drei Bezirken festzustellen: des Purpej-, Urengoj- und Nydin-Bezirks.

Südlich davon liegt das erdölführende Mittelob-Gebiet mit dem Surgut-, Salym- und Unterwartow-Bezirk. Hier wurden Erdöllagerstätten in den Ablagerungen des Juras, Neokoms und teilweise des Apts mit Lagern vom Antiklinaltyp entdeckt. Zu den sehr großen Erdölansammlungen gehören die Ust-Balyk-, Watin-, Sowjetsko-Sosnin-Medwedjew-Akkumulation u. a.

Aus: „Geologija nefti i gasa", Nr. 10 (1967), 14–18. Übers.: H. STÖLZER.

Die wichtigste produktive Schichtenfolge umfaßt die Schichten von Valendis, Hauterive und Barrême und die tiefsten Teile des Apts mit einer Gesamtmächtigkeit bis zu 1000 m. Die aufgezählten Bezirke sind durch eine sehr hohe Dichte der Vorräte gekennzeichnet. Vom Nadym—Pur-Gebiet unterscheidet sich das Mittelob-Gebiet durch das Fehlen von Gaslagern im Cenoman. Was die jurassischen Ablagerungen betrifft, so muß ihre Höffigkeit im N größer sein, wo sich die unter- und mitteljurassischen Sedimente in Flachmeerfazies bildeten, während im Mittelob-Gebiet limnisch-alluviale Akkumulationen mit nichtaushaltenden Reservoiren und Bedeckungen vorherrschen.

Das Pur—Tasow-Gebiet ist nach dem geologischen Bau dem Nadym—Pur-Gebiet ähnlich, unterscheidet sich jedoch von ihm durch das Überwiegen von Sandsteinen und Aleurolithen und durch das Fehlen toniger Bedeckungen in der Sedimentfolge vom mittleren Valendis bis zum Cenoman. Die Mächtigkeit beträgt hier über 1,5 km.

Daher sind die Perspektiven der Erdöl- und Erdgasführung innerhalb des behandelten Gebiets lediglich an die Jura-, Valendis- und Cenoman—Turon-Ablagerungen gebunden; im Cenoman wurden hier große und einheitliche Erdgaslagerstätten entdeckt.

Zu den einheitlichen Lagerstätten bezüglich der Vorräte gehört die Sapoljarnoje-Lagerstätte (über 1 Trill. m^3) im Tasow-Bezirk. Letzterer wird durch eine sehr große Vorratsdichte charakterisiert.

Das Mittelob-Gebiet grenzt im S an das erdölführende Wasjugan-Gebiet, in dem zwei Bezirke, der Demjan- und der Kajmysow-Bezirk, aufgefunden wurden, die an die gleichnamigen Gewölbe gebunden sind. Die in

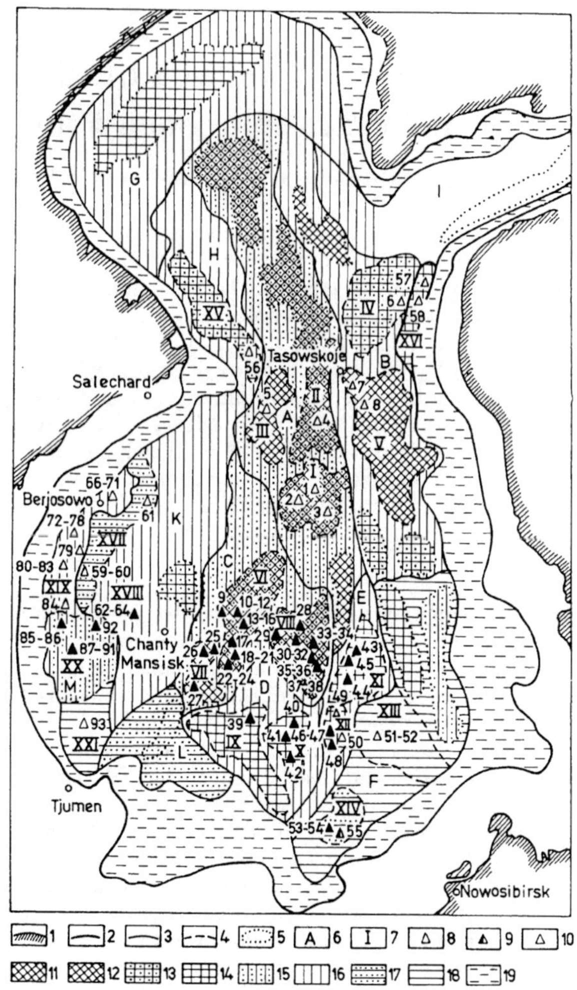

Abb. Karte der Gliederung und der Prognose der Erdöl- und Erdgasführung in der westsibirischen Provinz

1 — Grenzen der Westsibirischen Tafel; 2 — Grenzen der westsibirischen erdöl- und erdgasführenden Provinz; 3 — Grenzen der erdöl- und erdgasführenden Gebiete; 4 — Grenzen der erdöl- und erdgasführenden Bezirke; 5 — Konturen der Gewölbe und großen Wälle der möglichen erdöl- und erdgasführenden Bezirke; 6 — Index des erdöl- und erdgasführenden Gebiets; 7 — Index der erdöl- und erdgasführenden Bezirke; 8 — Erdöllagerstätten; 9 — Erdgas- und Gaskondensatlagerstätten; 10 — Gas-Erdöl-Lagerstätten

Spezifische Dichte der Vorräte von Erdöl und Erdgas: 11 — sehr hohe Dichte der ersten Gruppe; 12 — dito der zweiten Gruppe; 13 — hohe Dichte der ersten Gruppe; 14 — dito der zweiten Gruppe; 15 — mittlere Dichte der ersten Gruppe; 16 — dito der zweiten Gruppe; 17 — niedrige Dichte der ersten Gruppe; 18 — dito der zweiten Gruppe; 19 — sehr niedrige Dichte (Gebiete mit geringer Höffigkeit)

Erdöl- und erdgasführende Gebiete:

A: Nadym—Pur-Gebiet

Bezirke: I — Purpej (Jura—Neokom — vermutlich Erdöl, Cenoman — Erdgas), Erdgaslagerstätten: 1 — Gubkin, 2 — Komsomolsk, 3 — Ajwasedopurow; II — Urengoj (Jura—Neokom — vermutlich Erdöl, Cenoman — Gas); Erdgaslagerstätte: 4 — Urengoj; III — Nydin (Jura—Neokom — vermutlich Erdöl, Cenoman — Erdgas); Erdgaslagerstätte: 5 — Nydin

B: Pur—Tasow-Gebiet

Bezirke: IV — Messojach (Jura—Valendis — vermutlich Erdöl, Cenoman—Turon — Erdgas); Erdgaslagerstätte: 6 — Messojach; V — Tasow (Jura—Valendis — vermutlich Erdöl, Cenoman—Turon — Erdgas); Erdgaslagerstätten: 7 — Tasow, 8 — Sapoljarnoje

C: Mittelob-Gebiet

Bezirke: VI — Surgut (Jura—Neokom — Erdöl); Erdöllagerstätten: 9 — Ljantor, 10 bis 12 — Bystrin, Wyngin und Mintschimkin, 13 bis 16 — Werschinnoje, Nordsurgut, Westsurgut und Sajgatin, 17 — Ust-Balyk, 18 bis 21 — Mamontow, Otschimkin, Karkatejew und Teplow, 22 bis 24 — Mittelbalyk, Südbalyk und Malobalyk; VII — Salym (Jura—Neokom — Erdöl); Erdöllagerstätten: 25 — Prawda, 26 — Salym, 27 — Obersalym; VIII — Niederwartow (Jura—Neokom—Apt — Erdöl); Erdöllagerstätten: 28 — Agan, 29 — Lokosow, 30 bis 32 — Nordpokur, Batin und Megion, 33 bis 34 — Belosernoje und Samotlor, 35 bis 36 — Sosnin—Sowjetsko—Medwedjew und Niederwartow, 37 bis 38 — Maloretschenskoje und Alenkin

D: Wasjugan-Gebiet

Bezirke: IX — Demjan (Jura—Valendis — Erdöl); Erdöllagerstätte: 39 — Tajlakow; X — Kajmysow (Jura—Valendis — Erdöl); Erdöllagerstätten: 40 — Katylgin, 41 — Lontynjach, 42 — Moisejew

E: Wach-Gebiet

Bezirke: XI — Aleksandrow (Jura—Valendis — Erdöl, Erdgas; Cenoman—Turon — Erdgas); Erdöllagerstätten: 43 — Wach, 44 — Tschebatsche; Gas-Erdöl-Lagerstätte: 45 — Ochteurjew; XII — Mittelwasjugan (Jura—Valendis — Erdöl, Erdgas); Erdöllagerstätten: 46 bis 47 — Mittelnjurol, 48 — Südmyldshin; Erdgaslagerstätten: 49 Nordwasjugan, 50 — Myldshin

F: Pudin-Gebiet

Bezirke: XIII — Parabel (Jura — Erdgas); Erdgas- und Gaskondensatlagerstätten: 51 bis 52 — Ust-Silgin und Nordsilgin; XIV — Meshow (Jura—Neokom — Erdöl, Erdgas); Erdöllagerstätten: 53 bis 54 — Meshow und Ostmeshow; Erdgas-Erdöl-Lagerstätte: 55 — Weselow

G: Karsker Gebiet (vermutlich erdöl- und erdgasführend) (Jura—Valendis — Erdgas, Erdöl)

H: Südjamal-Gebiet

Bezirk: XV — Nowoportow (Jura—Valendis — Erdgas, Apt—Alb — Erdöl, Erdgas); Erdgaslagerstätte: 56 — Nowoportow

I: Ust—Jenissei-Gebiet (Jura—Neokom — Erdöl, Erdgas)

Bezirk: XVI — Malochet (Jura—Valendis — Erdgas); Erdgaslagerstätten: 57 — Nishnechet, 58 — Simneje

K: Frolow-Gebiet

Bezirke: XVII — Kasym (Jura — Erdgas); Erdgaslagerstätten: 59 bis 60 — Nordsote-Jugan und Südsote-Jugan, 61 — Nordkasym; XVIII — Krasnoleninskoje (Jura, Apt—Alb — Erdöl); Erdöllagerstätten: 62 bis 64 — Kamennoje, Westelisarow und Lorbin

L: Tobol-Gebiet (vermutlich erdöl- und erdgasführend) (Jura—Neokom — Erdöl und Erdgas)

M: Ural-Gebiet (Beresow—Schaim)

Bezirke: XIX — Beresow (Jura—Valendis — Erdgas); Erdgaslagerstätten: 65 bis 71 — Beresow, Demin, Nordaljasow, Südaljasow, Pochrom, Tschuel und Tugijan; 72 bis 78 — Nordigrim, Südigrim, Paul-Tur, Nulin-Tur, Westsyskonsynin, Ostsyskonsynin und Südsyskonsynin; 79 — Pungin; 80 bis 83 — Gornoje, Osernoje, Schuchtungort und Westschuchtungort; 84 — Oberkondin; XX — Schaim (Jura—Valendis — Erdöl), Erdöllagerstätten: 85 bis 86 — Lenin und Anilow; 87 bis 91 — Ubin, Mittelmulymin, Schaim, Mortymin-Teterew und Tolum; 92 — Potanaj; XXI — Karabasch (Jura—Valendis — Erdgas); Erdgaslagerstätte: 93 — Karabasch

diesen Bezirken auftretenden Erdöllagerstätten kommen in jurassischen Ablagerungen vor; ein Vorhandensein von Lagern im Valendis wird vermutet. Der überlagernde Sedimentkomplex ist durch ungünstigere lithologische Verhältnisse für die Erdölakkumulation gekennzeichnet (Entwicklung von semikontinentalen rot- und buntfarbigen aleuritisch-tonigen Folgen und schwach ausgeprägten Hebungen im oberen Neokom und im Apt—Alb—Cenoman-Komplex).

In der südlichen Fortsetzung des Pur—Tasow-Gebiets liegt das erdöl- und erdgasführende Wach-Gebiet mit zwei Lagerstättenbezirken, dem Aleksandrow- und dem Mittelwasjugan-Bezirk. Die wichtigsten Erdöl- und Erdgaslager sind hier an ein sandig-aleuritisches Paket des Kelloway und Oxford (Wasjugan-Folge) mit einer Mächtigkeit von 20 bis 30 m sowie an die Ablagerungen des Valendis gebunden. Das Jurapaket spiegelt in seiner Erstreckung eine Verlagerung der Uferlinie eines von N transgredierenden Meeres wider. Außerdem sind an seinem Aufbau limnisch-alluviale und Deltafazies beteiligt, was dieser Folge in der Gesteinsausbildung ein veränderliches Gepräge verleiht und den großen Einfluß der lithologischen Faktoren auf die Bildung der Lager bestimmt. Im Aleksandrow-Bezirk liegen Erdöl- und Erdgasvorkommen im Valendis und in den Ablagerungen des Cenoman—Turon-Komplexes. Der Aleksandrow-, Mittelwasjugan-, Oberdemjan- und Kajmysow-Bezirk besitzen eine große Vorratsdichte.

Die spezifische Dichte der Vorräte bleibt innerhalb der Gebiete der großen inneren Hebungen sehr hoch, wobei sie von N nach S und vom achsennahen Teil zu den Rändern des submeridionalen Streifens der Gewölbe und großen Wälle hin abnimmt (s. Abb.). Die spezifische Dichte der Vorräte in den Gebieten und Bezirken der großen inneren Depressionen (Frolow-Gebiet) und der randlichen Abhänge (Beresow—Schaim-Gebiet) liegt erheblich niedriger als in der Zone der zentralen Hebungen.

Die mittlere Dichte der Vorräte der ersten Gruppe ist charakteristisch für den Schaim- und Krasnoleninskoje-Bezirk, wo Erdöllagerstätten in der basalen Sand-Schill-Folge des oberen Juras entdeckt wurden. Im Krasnoleninskoje-Bezirk wurden Erdölzuflüsse aus dem Apt unter einer tonigen Albbedeckung festgestellt, so daß mit einer gewissen Zunahme der Vorratsdichte bei der weiteren Erkundung gerechnet werden kann.

Eine mittlere Dichte der Vorräte der zweiten Gruppe wurde für den erdgasführenden Beresow-Bezirk festgestellt, wo auch einschichtige Lager in den basalen oberjurassischen linsenförmigen Speichergesteinen erkundet wurden. Die Verbreitung der Erdgasreservoire hängt mit inselförmigen Aufragungen des Fundaments zusammen, die als Hauptquelle des klastischen Materials dienten. Alle Lagerstätten des Beresow-Bezirks gehören den Vorräten nach zu den mittleren und kleinen Lagerstätten, außer dem Pungin-Bezirk, der mit rund 80 Mrd. m^3 zu den großen zählt.

Eine geringe Dichte der Vorräte kennzeichnet auch die südlicheren Abschnitte der Provinz, die zum Pudin-Gebiet gehören: der Meshow- und Parabel-Bezirk, wo die Erdöl- und Erdgasführung an die im Streichen nichtaushaltenden linsenförmigen sandigen Horizonte innerhalb der Sawodoukow-Serie (unterer und mittlerer Jura) und an der Basis der Marjanow-Folge (oberer Jura bis unteres Valendis) gebunden sind.

Im Meshow-Bezirk wurden Erdölmigrationen aus dem Haupthorizont (oberer Jura) ins Neokom entlang einem System von Bruchstörungen festgestellt, wodurch die Hauptlager in der Basalschicht fast zerstört sind.

Eine noch niedrigere Dichte hat der Lenin-(Karabasch-)Bezirk, in dem bisher ein einheitliches Erdgaslager in der Verwitterungskruste des Fundaments entdeckt wurde (Karabasch-Lagerstätte). Die Flankenbohrungen auf der das Lager bestimmenden Karabasch-Struktur sowie die Suchbohrungen auf den benachbarten Abschnitten ergaben Wasser.

So unterscheiden sich die erdöl- und erdgasführenden Gebiete und Bezirke ausschließlich durch einen breiten Bereich der Veränderung der spezifischen Vorratsdichte. Dabei tendieren die Gebiete mit sehr hoher Dichte zum Nordteil des Tjumen-Gebiets und des Krasnojarsk-Randes, wo sich die Such- und Erkundungsarbeiten noch im Anfangsstadium befinden.

In den Bezirken mit mittlerer und niedriger Vorratsdichte ist eine bedeutende Anzahl der hier entdeckten Lagerstätten durch geringe Abmessungen gekennzeichnet. Außerdem zeigt sich im Bau dieser Lager der starke Einfluß der lithologischen Faktoren (linsenförmiger Bau der Speicher und ihrer Bedeckungen, lithologische und tektonische Abschirmung usw.), was sowohl die Erkundung als auch den Abbau der Lagerstätten kompliziert. In den Gebieten und Bezirken mit sehr hoher Dichte der Vorräte herrschen Akkumulationen vom Antiklinaltyp, in bestimmten Horizonten bedeutende Lager vor, die hinsichtlich der Vorräte einzigartige Ausmaße erreichen.

Die Genesis endogener Erzlagerstätten[1]

1.

Die großen praktischen Erfolge der sowjetischen Geologen, die zahlreichen Neuentdeckungen von z. T. unikalen Lagerstätten wären undenkbar ohne die erzielten theoretischen Fortschritte, insbesondere hinsichtlich der Erzbildung und der regionalen Gesetzmäßigkeiten der Verteilung von Erzlagerstätten. Diese Forschungen bewegten sich und bewegen sich auch gegenwärtig vor allem in drei Grundrichtungen:

a) dem geologischen Studium der Erzlagerstätten in der Natur,

b) der Modellierung einiger Seiten ihrer Entstehung im Laboratorium,

c) der Nutzbarmachung von Ergebnissen benachbarter und sogenannter Querschnittsdisziplinen.

Die Ergebnisse von Physik und Chemie, der physikalischen Chemie u. a. ermöglichen, einige zur Berechnung jener Parameter und Prozesse heranzuziehen, die die Migration,

Eingang des Manuskripts in der Redaktion: 29. 11. 1968.

[1]) Unter Redaktion von W. I. SMIRNOW von M. N. GODLEWSKIJ, W. D. NIKITIN, A. I. GINSBURG, E. M. EPSTEIN, W. A. SHARIKOW, A. A. BEUS, G. N. SCHTSCHERBA, L. N. OWTSCHINNIKOW, W. I. KOTLJAR, W. P. FEDORTSCHUK, I. N. BELEWZEW und W. I. SMIRNOW. 719 S., 316 Abb., Verlag Njedra, Moskau 1968 (russ.), Ganzleinen, Rubel 4,20.

Dispersion und Konzentration erzbildender Stoffe bestimmen, die folglich zur Entstehung und zur Zerstörung endogener Lagerstätten führen.

Diese Forschungen schufen die Voraussetzungen, um aus Anlaß des 50. Jahrestages der Großen Sozialistischen Oktoberrevolution eine Bilanz des erreichten Kenntnisstandes zu ziehen und damit zugleich einen gewissen Ausgangspunkt für die zukünftige Arbeit festzulegen.

Das auf Initiative von W. I. SMIRNOW entstandene Buch ist eine kollektive Monographie über die Bildungsbedingungen der wichtigsten Gruppen endogener Erzlagerstätten. Die Beschreibung jeder Lagerstättengruppe erfolgt dabei nach einem einheitlichen Plan: Unterscheidungsmerkmale, praktische Bedeutung und kurzer Rückblick auf die Geschichte ihres Studiums; die den Bildungsprozeß regulierenden physikalisch-chemischen Parameter und einige Vorstellungen über die genetische Gliederung der Lagerstätten (nach Klassen oder Formationen).

Verfasser der einzelnen Kapitel sind bekannte und für die jeweilige Lagerstättengruppe kompetente Gelehrte: M. I. GODLEWSKIJ für magmatische Lagerstätten, W. D. NIKITIN für pegmatitische, A. I. GINSBURG und I. M. EPSTEIN handeln die karbonatitischen Lagerstätten ab, W. A. SHARKOW die Skarnlagerstätten und A. A. BEUS die albititischen. G. N. SCHTSCHERBA beschreibt die Greisenlagerstätten, und in die hydrothermalen haben sich zwei bekannte Geologen geteilt:

L. N. OWTSCHINNIKOW hat die plutonogenen übernommen und W. N. KOTLJAR die vulkanogenen. W. I. FEDORTSCHUK ist der Verfasser des Kapitels über telethermale Lagerstätten, W. I. SMIRNOW über Kieslagerstätten und IA. N. BELEZEW über metamorphogene Lagerstätten.

Aus dieser Aufzählung geht bereits hervor, aus welcher theoretischen Position das Autorenkollektiv an die Lösung der Gesamtaufgabe herangegangen ist, wobei sie „nicht das Ziel verfolgen, eine genetische Klassifikationsübersicht für Tiefenerzlagerstätten auszuarbeiten". Es wäre ein vergebliches Bemühen, wollte der Rezensent versuchen, den ganzen wissenschaftlichen Reichtum und Gehalt dieser umfangreichen Kollektivarbeit darzulegen. Er beschränkt sich daher auf einige Lagerstättengruppen, die nach seiner Meinung in unserer praktischen Arbeit noch nicht die Beachtung bzw. die tiefe theoretische Bearbeitung gefunden haben, die sie ganz zweifellos verdienen. Dies insbesondere auch deshalb, weil nach seiner Meinung Lagerstätten dieser Gruppen auf dem Gebiet der DDR noch gefunden werden könnten, zumal sie bereits gegenwärtig in der Welt eine beachtliche wirtschaftliche Bedeutung erlangt haben.

2.

Zu solchen Lagerstätten gehören ganz zweifellos die karbonatitischen Lagerstätten, die faktisch erst seit 20 Jahren als industriell wichtiger Lagerstättentyp erkannt wurden.

Denn obwohl BRÖGGER bereits 1921 den Begriff Karbonatit in die Literatur eingeführt hat und obwohl in den 30er und 40er Jahren in den Karbonatiten Afrikas Pyrochlor und Apatit entdeckt wurden, wurden diese Lagerstätten bis in jüngste Zeit im wesentlichen nur als eine seltene Varietät endogener, wesentlich karbonatischer Gesteine betrachtet. Sie wurden auch noch nicht als wichtiger Lieferant von Niob erkannt.

Erst Mitte der 50er Jahre war eindeutig erkennbar, daß die Nioblagerstätten des Karbonatittypus von Grund auf die Vorratsbasis dieser Metalle veränderten (s. die Arbeiten von FAWLAY & JAMES, SMITH, PECORA, LEONARDOS u. a.).

Gegenwärtig gibt es noch einige unterschiedliche Auslegungen des von BRÖGGER eingeführten Begriffs Karbonatit:

a) Karbonatite sind im wesentlichen karbonatische (kalzitische, dolomitische, ankeritische und sideritische) Gesteine endogener Entstehung, die räumlich und genetisch mit ultrabasisch-alkalischen Massiven in Verbindung stehen (vorherrschende Auffassung).

b) Karbonatite sind alle endogenen karbonatischen Bildungen, die räumlich und genetisch mit alkalischen Gesteinen der verschiedensten Zusammensetzung und Entstehung verbunden sind.

Diese Lagerstättengruppe hat noch vor wenigen Jahren in den Lehrbüchern gefehlt. Ihre monographische Behandlung in der rezensierten Arbeit ist deshalb besonders hervorzuheben. Was kann heute über die Verbreitung der Karbonatite gesagt werden?

1. Sie stehen zusammen mit den ultrabasisch-alkalischen Massiven in räumlichen Beziehungen zu Tiefenbruchzonen.

2. Das Magma ist offensichtlich aus Tiefen von 100 und mehr Kilometern aufgestiegen, wobei der Alkalireichtum der entstandenen Massive auf verzögerten Aufstieg des Magmas zurückgeführt wird.

Ganz allgemein sind zur Bildung solcher Massive folglich mindestens drei Voraussetzungen zu erfüllen:

a) ein verfestigter, konsolidierter Abschnitt der Erdkruste,

b) die Entstehung oder Erneuerung eines Tiefenbruches,

c) der verlangsamte Aufstieg des Magmas längs des Bruches zwecks Entfaltung der Differentiation des Magmas.

Fehlt eine dieser Voraussetzungen, bilden sich keine ultrabasisch-alkalischen Gesteine.

Sowjetische Geologen unterscheiden bei ultrabasisch-alkalischen Gesteinsprovinzen vier Typen, wobei im Grunde der Typ des Tiefenbruches entscheidendes Kriterium ist:

1. Provinzen am Außenrand der Plattform (die Massive sind mit Tiefenbrüchen verbunden, die parallel zum Plattformaußenrand verlaufen);

2. Provinzen in den Nahtstellen der Plattformen mit konsolidierten Faltungsgebieten (die Massive — mit Brüchen wie bei 1. verbunden — erfassen nicht nur den Außenrand der Plattform, sondern auch die angrenzende Zone des konsolidierten Faltungsgebiets);

3. Provinzen mit durchgehenden Tiefenbrüchen (die Brüche spalten die Plattform unabhängig von der Lage der Faltungsgebiete);

4. Provinzen der inneren Massive (an Brüchen, die innerhalb der inneren Massive liegen).

Es ist verständlich, daß das Alter solcher Massive entscheidend vom Alter der Tiefenbrüche und ihrer Wiederbelebung bestimmt wird und vom Präkambrium bis ins Känozoikum reichen kann. Allerdings gehört mindestens die Hälfte der in der Welt untersuchten Massive dem Meso- und Känozoikum an (in der UdSSR sind beim gegenwärtigen Untersuchungsstand paläozoische Massive vorherrschend).

Daraus ergeben sich als allgemeine Suchkriterien für ultrabasisch-alkalische Massive und Karbonatite:

a) aktivierte Außenränder großer Plattformen,

b) unbedingte Beziehungen zu Tiefenbrüchen der verschiedenen Typen,

c) unterschiedliches Alter der Massive in Abhängigkeit von Blocktektonik bzw. der Faltung in den angrenzenden Geosynklinalen.

Ein wichtiges Forschungsergebnis der letzten Jahre ist die Entzifferung der stadienhaften Bildung ultrabasisch-alkalischer Massive und der Stellung der Karbonatite in diesen.

Neben drei Hauptetappen (magmatischen, metasomatisch-magmatischen und metasomatisch-postmagmatischen) wird gegenwärtig eine Reihe Unteretappen unterschieden: So gliedert sich der intrusive Prozeß in die hyperbasitische, alkali-hyperbasitische, ijolith-melteigitische und alkali-syenitische Etappe, die in der Regel noch von einem Komplex aus Dykes, Gängen, Stöcken und Röhren der unterschiedlichsten Zusammensetzung begleitet werden.

Bei den metasomatischen Prozessen werden die Etappen der silikatischen Metasomatite, die Karbonatit-Etappe und die Etappe der postkarbonatitischen karbonat-silikatischen Gesteine unterschieden. Die Gesteine dieser Etappen sind das Ergebnis des Wechsels eines frühen alkalischen Stadiums über ein saures zu einem späten alkalischen Stadium. Allerdings muß bemerkt werden, daß die praktische Bedeutung der dritten Etappe im Hinblick auf den Bau der Massive gegenwärtig als geringfügig bezeichnet werden muß.

Die Bildung von Massiven ultrabasisch-alkalischer Gesteine schließt mit bedeutenden Mengen im wesentlichen karbonatischer Gesteine ab — Karbonatiten, die gewöhnlich unregelmäßige, an Stöcke und Röhren erinnernde Körper bilden sowie als Gänge und Stockwerke auftreten. Diese Anhäufungen karbonatischer Gesteine können flächenmäßig Ausmaße von mehreren Quadratkilometern einnehmen.

Karbonatite unterscheiden sich durch einige spezifische Besonderheiten von karbonatischen Bildungen anderer Genesis:

1. Sie liegen in Massiven ultrabasisch-alkalischer Gesteine.

2. Ihr Auftreten hängt nicht vom Gesteinsbestand der ultrabasisch-alkalischen Massive ab.

3. In den Karbonatiten werden häufig Relikte von Hyperbasiten, Ijolith-Melteigit, Nephelin- und Alkalisyeniten, Pikritporphyrit und autoreaktiven Skarnen beobachtet.

4. Neben großen karbonatischen Körpern treten auch Gänge und Gängchen verschiedener Mächtigkeiten auf.

5. Karbonatite sind eine Folge mehrstadienhafter Umbildungen; jeder Karbonatgeneration entspricht eine für sie typische Mineralparagenese.

6. Ausgesprochen typisch für Karbonatite ist eine weitverbreitete spezifische, meist symmetrische Bänderung, die sich im Ablauf der Umwandlungen kompliziert.

7. Karbonatite zeichnen sich durch erhöhte Gehalte an Niob, Phosphor, Seltenen Erden der Cer-Gruppe, Strontium, Barium, Zirkonium sowie durch erhöhte Radioaktivität aus.

Für Karbonatite ist eine Vererzung seltener Metalle charakteristisch. Einige Minerale sind bisher nur in Karbonatiten festgestellt worden, daher für diese besonders charakteristisch (Baddeleyit, Zirkelit, Ankylit u. a.).

Die eingehende Erforschung der verschiedenen Stadien hat gezeigt, daß eine eindeutige Gesetzmäßigkeit im Ablauf des einheitlichen Karbonatitisierungsprozesses besteht:

a) Der gesetzmäßige Wechsel der Karbonate: In den frühen Stadien wird Kalzit von Dolomit, später Ankerit und Siderit abgelöst; in der postkarbonatitischen Etappe werden die Mg–Fe-Karbonate wieder durch Kalzit abgelöst. Die geochemische Evolution der Kationen kann für die gesteinsbildenden Karbonate daher wie folgt dargestellt werden:

$$Ca \rightarrow Ca + Mg \rightarrow Ca + Mg + Fe \rightarrow Mg + Fe \rightarrow Fe \rightarrow Ca$$

b) Sehr typisch für Karbonatite ist eine spezifische Zonalität, die sich in einer Veränderung der Mineralparagenesen in Richtung vom Kontakt mit den silikatischen Gesteinen ausdrückt. Als verallgemeinertes und zugleich typisches Schema dieser Zonalität kann folgendes Bild dienen:

Zone 0	Zone 1a	Zone 1	Zone 2	Zone 3
silikatisches Ausgangsgestein – Hyperbasite	Silikat Alumosilikat Karbonat	Silikat Alumosilikat Karbonat	Alumosilikat Karbonat	Karbonat

Als Silikate treten meist Pyroxen, Forsterit oder Amphibol, als Alumosilikat Glimmer (Biotit oder Phlogopit) auf. Zona 1 a und 1 haben zwar gleiche Mineralanteile, unterscheiden sich jedoch durch den Silikatbestand, manchmal auch den Karbonatbestand.

Gerade die Zonalität, die genetisch als metasomatisch erklärt werden kann, beweist neben geologischen und petrographischen Fakten (Relikte silikatischer Gesteine, „Schatten"-Strukturen, pseudomorphe Entwicklung der Minerale, Abhängigkeit des Bestandes der Karbonatitfront vom Nebengestein u. a.), daß sich die Hauptmasse der Karbonatite metasomatisch gebildet hat (ein untergeordneter Anteil sicher auch als Folge der Füllung von Hohlräumen).

Mit den beschriebenen Gesteinskomplexen sind industriell nutzbare Konzentrationen verschiedener Minerale verbunden. Dabei ist die Konstanz beachtlich, mit der in allen Teilen der Welt bei analogen geologischen Bedingungen auf bestimmten Stadien und Etappen der Entwicklung ultrabasisch-alkalischer Komplexe Mineralassoziationen auftreten und ferner die strukturell-texturmäßige Übereinstimmung der Erze. Auf diese Konstanz stützt sich letztlich die Annahme, daß bestimmte Erzformationen mit diesen Gesteinen fest verbunden sind:

a) die Formation der perowskit-titanmagnetitischen Hyperbasite, wobei Titan-Magnetit bevorzugt in Peridotiten und Pyroxeniten, Titanmagnetit-Perowskite dagegen in Olivinіten angetroffen wurden;

b) die Formation der Nephelinerze, an Urtite gebunden, am verbreitetsten in Komplexen mit überwiegend Ijolithen;

c) die Formation der phlogopitführenden Autoreaktionsskarne und anderer silikatischer metasomatischer Bildungen (zu dieser Formation gehören die in den letzten Jahren entdeckten größten Phlogopitlagerstätten der Welt);

d) die Formation der Apatit–Magnetit–Forsterit-Gesteine (komplexe Apatit-Magnetit-Erze, die Baddeleyit enthalten);

e) die Formation der Hatchettolith-Pyrochlor–Kalzit-Karbonatite (mit denen die größten und reichsten Nioblagerstätten der Welt verbunden sind), neuerdings werden sie auch interessant als perspektivische Quelle für Tantal und die Nebenprodukte Niob und Uran;

f) die Formation der Kolumbit–Bastnäsit–Ankerit-Karbonatite (mit hohen Gehalten Seltener Erden der Cer-Gruppe (0,5–2%), mit eigenen Mineralen des Strontiums, Bariums, Molybdäns, Zinks, Bleis und Fluors).

In den letzten Jahren wurden in solchen Massiven ultrabasisch-alkalischer Gesteine und Karbonatite auch Platinoide (in den Hyperbasiten) gefunden. Mit den postkarbonatitischen Prozessen ist ferner die Konzentration von Fluorit in ankeritischen Karbonatiten verbunden. In Südafrika im Massiv Lulekop wurde in der Formation (d) und in Karbonatiten eine industrielle Kupfervererzung (Bornit und Chalkopyrit) mit 0,6–0,7% Cu (im Jahre 1967) entdeckt.

Karbonatite unterscheiden sich trotz ihrer äußeren Ähnlichkeit mit Kalkstein, Marmor nud Skarnen eindeutig von diesen durch den Bestand an Begleitmineralen und erhöhten Gehalten an Seltenen Erden, Niob, Phosphor und Strontium.

Wenn bei den ersten Beobachtungen karbonatischer Gesteine inmitten magmatischer Komplexe noch der Gedanke auftauchen konnte, daß es sich hier um Xenolithe, mitgerissene Blöcke oder Produkte der Umkristallisation und teilweisen Verdrängung sedimentärer Kalksteine oder Dolomite handle, so haben die tiefgründigen Analysen der vergangenen Jahre eindeutige Beweise dafür geliefert, daß die Karbonatite einen durchaus eindeutigen Platz im Komplex ultrabasisch-alkalischer Gesteine einnehmen und durchaus gesetzmäßig auf bestimmten – den abschließenden – Entwicklungsetappen auftreten.

Zur Klärung dieser Fragen hat das Studium der Kohlenstoffisotope wesentlich geholfen. Es ergeben sich eindeutige Unterscheidungsmerkmale für ^{13}C (wie auch für ^{18}O) der Karbonatite von Kalksteinen. Heute kann es keine Zweifel mehr darüber geben, daß diese Gesteine endogener Herkunft sind.

Die Entdeckung großer Körper endogener Karbonatite in ultrabasisch-alkalischen Gesteinsmassiven wurde von W. BRÖGGER (1922) damit erklärt, daß er sie auf ein spezifisches karbonatitisches Magma zurückführte, ein Standpunkt, der von vielen Forschern in der Folge akzeptiert wurde und auch gegenwärtig noch vertreten wird.

Eine andere – postmagmatische, hydrothermale – Erklärung gab N. BOWEN, der sich ebenfalls eine Reihe bedeutender Geologen anschloß und die gegenwärtig von der Mehrzahl der sowjetischen Geologen vertreten wird.

Ein besonderes theoretisches Problem ist die Herkunft des Kalziums und der Kohlensäure sowie der Vererzung mit seltenen Metallen. Die Mehrheit der Forscher geht gegenwärtig davon aus, daß sich das Kalzium im Verlauf des Bildungsprozesses des ultrabasisch-alkalischen Magmas konzentriert (entweder über die Liquation des Magmas oder im Verlauf der Kristallisationsdifferentiation oder durch Anreicherung aus in der Metasomatose wirksamen Lösungen; eine einheitliche Auffassung existiert gegenwärtig noch nicht). Als Quelle für die Vererzung wird einerseits die Mobilisierung der seltenen Elemente aus den ultrabasisch-alkalischen Gesteinen verantwortlich gemacht und ihre wahrscheinliche Zuführung im Ablauf des Karbonatisierungsprozesses.

Es zeigt sich somit, daß eine Reihe genetischer Probleme der Karbonatite nach wie vor – infolge ihrer Kompliziertheit – Gegenstand der Diskussion ist. Der deutsche Beitrag zu dieser Problematik ist leider bisher außerordentlich gering.

3.

Eine bei uns ebenfalls wenig beachtete Lagerstättenformation ist die der Albitite. Unter dieser Bezeichnung werden sehr eigenartige Lagerstättentypen zusammengefaßt, die genetisch mit Prozessen der hochtemperierten postmagmatischen Metasomatose saurer und alkalischer Gesteine zusammenhängen und sich durch ihre Mineralisation mit seltenen Elementen, wie Tantal, Niob, Beryllium, Lithium, Seltenen Erden, Zinn und Wolfram, auszeichnen.

Die Erforschung dieser Lagerstätten — vor allem der mit sauren Komplexen verbundenen — kann auf eine Geschichte von kaum einem Dutzend Jahren zurückblicken, obwohl die albitisierten Granite Nordnigerias schon seit einigen Jahrzehnten 75—80% der Weltproduktion an Niob liefern (allerdings bis etwa 1960 hauptsächlich aus Kolumbitseifen. Gegenwärtig beträgt deren Anteil an der Gesamtmenge des Kolumbitkonzentrats nur noch ca. 30—35%.) Im Zusammenhang mit dem vertieften Studium dieser Formation wurde für intensiv metasomatisch veränderte Granitoide die Bezeichnung „Apogranite" eingeführt, die sich inzwischen international auch weitgehend eingebürgert hat. Theoretische Grundlage für die durchgeführten Untersuchungen war in der UdSSR die von D. KORSHINSKIJ ausgearbeitete Theorie der metasomatischen Prozesse, die auch bei uns bekannt ist (s. „Schriftenreihe des praktischen Geologen", Band 9, 1964).

Lagerstätten dieser Gruppe wurden nicht nur in Afrika, Südamerika und der UdSSR entdeckt, sondern auch in Frankreich, so daß immer wahrscheinlicher wird: Albitische Lagerstätten sind weltweit verbreitet und relativ häufig.

Genetisch — hinsichtlich ihrer Verbindungen zu „Mutter"-intrusionen — werden bei den Lagerstätten seltener Elemente der albititischen Formation zwei Gruppen unterschieden: seltene Metalle führende albitische Apogranite und Albitite alkalischer Gesteine. Die Albitisierung als bestimmender Zug der metasomatischen Umwandlung und der weitgehend übereinstimmende Charakter der Vererzung haben dazu geführt, beide in einer Gruppe — den albititischen Lagerstätten seltener Elemente — zusammenzufassen. Ausgangsgesteine sind — für die Apogranite — normale Ein- und Zweiglimmergranite, K-Na-Granite und K-Granite vom Typ der Alaskaite; bei der alkalischen Linie der Albitite sind verschiedene Alkaligesteine — von alkalischen Syeniten bis zu Nephelin-Syeniten des Foyaittypes — das Ausgangsgestein.

Was die Lagerstätten seltener Elemente betrifft, die mit der Albitit-Formation verbunden sind, so kann gegenwärtig über sie festgestellt werden, daß sie

a) ein beliebiges Alter — vom Präkambrium bis zum Mesozoikum — besitzen können;

b) daß es sich sowohl bei den Granitoiden als auch bei den alkalischen Intrusivkomplexen um Intrusionen geringer und mittlerer Teufen (1,5—3 und seltener 3—4 km) handelt;

c) daß regional die Lagerstätten 1. mit Strukturen alter Plattformen und 2. mit Strukturen in gefalteten Gebieten in Verbindung stehen.

Dabei ist auf den alten Plattformen offenbar die Assoziation mit alkalischen magmatischen Komplexen typisch, die ihrerseits gewöhnlich an die beweglichen Teile der Plattformen gebunden sind und von Tiefenbrüchen kontrolliert werden. In den Gebieten mit abgeschlossener Faltung liegen sie gewöhnlich in den inneren Zonen der Miogeosynklinalen, innerhalb von Faltungszonen mit polyzyklischer Entwicklung. Außerdem werden sie in Schwächezonen paläozoisch-mesozoischer und mesozoischer Geosynklinalen angetroffen. Eine charakteristische Besonderheit der Lokalisierung albitischer Lagerstätten (Apogranite) mit Vererzungen seltener Metalle besteht darin, daß sie in den apikalen Teilen der intrusiven Komplexe liegen, in der Nähe von Apophysen oder kuppelartigen Aufwölbungen der Granitmassive. Im allgemeinen haben diese Apogranite keine sehr großen Ausdehnungen (im Plan Quadratkilometergröße und wenige hundert Meter mächtig), obwohl besonders an Tiefenbruchzonen auch Ausnahmen beobachtet wurden mit metasomatischen Veränderungen bis zu 60 m Teufe.

Generell kann — sowohl für die granitische als auch alkalische Linie — festgestellt werden, daß der entscheidende geologische Faktor für die Bildung albititischer Lagerstätten ihre Verbindung mit dem Kluftmagmatismus in Faltungsgebieten ist. Für die Vererzung und ihre Konzentrationshöhe sind vor allem zwei Faktoren von Bedeutung: 1. die abschirmende Rolle des Daches im Intrusiv (d. h., die Vererzung liegt gewöhnlich in der Nähe des Kontakts im Intrusiv und folgt dessen Verlauf), 2. in anderen Fällen spielt die während der Mineralisationsetappe vorhandene Klüftung die führende Rolle (am höffigsten sind in diesem Falle flacheinfallende Klüfte, Kluftscharungen und ihre Schnittpunkte). Der erste Faktor führt zu Vererzungsmächtigkeiten von 20—150 m, im zweiten Falle hängt sie von der Klüftung ab.

In den Lagerstätten der Albitit-Formation konzentrieren sich praktisch alle seltenen Elemente. Die bedeutendsten und wirtschaftlich interessantesten sind dabei Niob, Tantal, Beryllium, Seltene Erden und Zirkon. In Abhängigkeit vom Lagerstättentyp deutet sich eine Konzentration von in der Tabelle aufgeführten seltenen Elementen an:

Tabelle

albitische Apogranite (normale)	albitische Apogranite (subalkalisch)	albitische Apogranite (alkalisch)	Albitite der alkalischen Gesteine
Beryllium	Lithium	Zirkon	Zirkon
Wolfram	Rubidium	(Hafnium)	(Hafnium)
Zinn	Tantal	Niob	Niob
Tantal	Niob	Yttrium-Erden	Cer-Erden
(Molybdän)	Zinn	Thorium	Thorium
	Skandium		

4.

Neben diesen hier näher betrachteten Formationen erscheinen dem Rezensenten für unsere Arbeit als besonders wichtig:

a) das äußerst interessante Kapitel über die Skarnlagerstätten (Verfasser W. A. SHARIKOW) mit der Unterteilung der Vererzungsprozesse in gleichzeitige, der Skarnbildung unmittelbar folgende und der späteren — hydrothermalen — Vererzung vorhandener Skarne;

b) die Greisenlagerstätten (Verfasser G. N. SCHTSCHERBA), nicht nur, weil dieser Typ derzeit in unserer Zinnversorgung die Hauptrolle spielt, sondern weil er weltweit für solche Rohstoffe wie Wolfram, Beryllium, Zinn, Molybdän u. a. außerordentlich große Bedeutung besitzt (gleichfalls für Tantal, Niob und Seltene Erden);

c) die metamorphogenen Lagerstätten (Verfasser IA. N. BELEWZEW), obwohl diese ihre Hauptbedeutung zweifellos für die kristallinen Schilde besitzen. Doch auch bei uns verdient das Präkambrium zweifellos auch lagerstättenseitig größere Beachtung.

Dieser vom Rezensenten geäußerte Standpunkt geht von unseren besonderen Interessen in der DDR aus, berücksichtigt die sprachliche Schwierigkeit für die Bewältigung einer so umfangreichen Arbeit und darf in keinem Falle als Wertung der wissenschaftlichen Bedeutung der anderen Beiträge gedeutet werden.

Am besten wäre es zweifellos, wenn sich einer unserer Verlage zur deutschen Herausgabe dieses grundlegenden Werkes entschließen könnte. Wir wären um ein bedeutendes Werk von bleibender Geltung reicher. F. STAMMBERGER

Die Isotopenzusammensetzung des Kohlenstoffs in Kalziten von Karbonatitmassiven und das Problem der Genese der Karbonatite

O. I. KROPOTOWA, Moskau

Zu den Fragen der Genese der Karbonatite gibt es in der geologischen Literatur schon seit etlichen Jahrzehnten eine lebhafte Diskussion. Seit der ersten Beschreibung der Karbonatite durch BRÖGGER (1921) wurde eine große Anzahl einander widersprechender Gesichtspunkte geäußert.

In den letzten Jahren erschienen einige zusammenfassende Arbeiten, die sich mit der Beschreibung ultrabasischer alkalischer Gesteine und der Karbonatitkomplexe beschäftigten (SMITH 1956; PECORA 1956; GINSBURG u. a. 1958). In ihnen werden die unterschiedlichen Ansichten zur Genese der Karbonatite deutlich dargelegt. Diese Anschauungen lassen sich unter drei Hauptgesichtspunkten zusammenfassen.

Der am weitesten verbreitete Standpunkt besagt, daß die karbonatitisch-metasomatischen Bildungen ein Ergebnis der Einwirkung von juvenilen kohlensäurereichen postmagmatischen Lösungen auf die silikatischen Nebengesteine sind (KING 1949; SAETHER u. a. 1950; DAVIS 1952; SCHEJNMANN 1955; BORODIN 1957; KUCHORENKO-ORLOWA 1962; GINSBURG u. a. 1958; EPSCHTEJN 1959, 1961; FROLOW 1960).

Im Jahre 1921 stellte W. S. BRÖGGER die Hypothese von der Existenz eines primären karbonatitischen Magmas und dem Eindringen der Karbonatite als Intrusivgesteine auf. Später verfochten ECKERMANN (1958) und HOLMS (1950) diesen Standpunkt. Es wurde die Anschauung vertreten, daß die Karbonatite assimilierte Kalksteine sind (DAILY 1910, 1918; PECORA 1956; JEWSIKOWA 1965). Nach den aufgezählten Hypothesen kann man zwei Quellen für den Kohlenstoff der Karbonatite annehmen; entweder den sedimentären Kohlenstoff oder den juvenilen Kohlenstoff des Magmaherdes.

Wahrscheinlich wird der Kohlenstoff bei der Entgasung der Substanz des Mantels nach dem Mechanismus des zonenweisen Aufschmelzens, dessen Modell von A. P. WINOGRADOW (1954, 1956, 1959, 1961, 1962, 1966) erarbeitet wurde, in Form von Gasverbindungen weggeführt. Die Rolle der Kohlensäure ist dort überaus groß; auch der Metamorphismus der sedimentären Kalksteine könnte jedoch im Prinzip zur Bildung von Gesteinen des Karbonatittyps führen. Vom petrologischen Standpunkt aus ist diese Frage nicht eindeutig gelöst.

Daher muß wahrscheinlich hinsichtlich der Klärung der Quellen des Kohlenstoffs, der Karbonatite und des Sauerstoffs die Isotopenanalyse, d. h. eine von geologisch-petrographischen Beobachtungen unabhängige Methode, angewendet werden. Sie wurde schon mehrfach von BAERTSCHI (1957) angewandt. ECKERMANN stellte fest, daß die Karbonatitmassive von Alno durch den Wert $\delta\,^{13}C$ $-0{,}7\%$ gekennzeichnet sind.

Eingang des Manuskripts in der Redaktion: 27. 12. 1967.
Übers.: H. STÖLZER, Berlin.

Von den sowjetischen Wissenschaftlern A. A. KUCHORENKO & E. I. DONZOWA (1962) wurde erstmals eine Arbeit zur Untersuchung der möglichen Rolle der sedimentären Folgen bei der Bildung der Karbonatitmassive durch die Isotopenmethode am Beispiel der Massive der Kolahalbinsel durchgeführt und auf der Basis der ermittelten Ergebnisse von $\delta\,^{18}O$ und $\delta\,^{13}C$ für die Kalzite aus den Karbonatiten die These vom Fehlen der Assimilation des sedimentären Materials bei der Bildung der Karbonatitkörper aufgestellt. Später kamen F. GONFIANTINI & E. TONGIORGI, TAYLOR u. a. (1967) (GONFIANTINI, TONGIORGI u. a. 1964; TAYLOR u. a. 1967) zu diesem Schluß.

Wir führten eine ähnliche Untersuchung an Material aus den Karbonatitmassiven Sibiriens durch, um Daten über noch nicht untersuchte Regionen zu sammeln. Außerdem erwiesen sich thermodynamische Untersuchungen für die Einschätzung der möglichen quantitativen Rolle der Kohlensäure unter den Bedingungen des oberen Mantels als notwendig (WINOGRADOW, KROPOTOWA, EPSCHTEJN u. a. 1967).

Die Untersuchungen der Karbonatitmassive, aus denen das Material entnommen wurde, zeigten, daß in der Entwicklung der Karbonatite vier Hauptstadien ausgeschieden werden, von denen jedes durch die Bildung bestimmter Varietätengruppen charakterisiert wird, die in einem einheitlichen Karbonatittyp zusammenzufassen sind.

Die Bildung der Karbonatitkörper wird in Temperaturstadien unterteilt, deren Aussonderung auf geologischen und petrographischen Merkmalen beruht (EPSCHTEJN 1958, 1960; POSHARISKAJA u. a. 1961; POSHARISKAJA & EPSCHTEJN 1964). Daher ist die Anwendung der Isotopenanalyse des Kohlenstoffs bei der Frage der Genese der Karbonatite auch hinsichtlich der Klärung der Temperaturverhältnisse bei der Bildung möglich.

Die Isotopenzusammensetzung des Kohlenstoffs der Kalzite verschiedener Temperaturstadien beim Karbonatitprozeß ist nicht systematisch erforscht. Es wurde jedoch festgestellt, daß die Dolomit- und Ankeritkarbonatite gegenüber den kalzitischen mit schweren Isotopen (sowohl C als auch O) angereichert sind (KUCHORENKO, DONZOWA).

Für die Klärung der Temperaturverhältnisse bei der Bildung der Karbonatitkörper ist eine vergleichende Untersuchung der Isotopenzusammensetzung des Kohlenstoffs gerade aus den kalzitischen Differentiaten des Karbonatitprozesses, d. h. des Materials zweckmäßig, bei dem außer dem Unterschied in den Temperaturverhältnissen keine zusätzlichen Effekte hinzukommen.

Für die Untersuchung der möglichen Kohlenstoffquelle der Karbonatite besitzen aber die ersten Hochtemperaturstadien des Karbonatitprozesses besonderes Interesse.

Tab. 1. Die Isotopenzusammensetzung des Kohlenstoffs der Kalzite aus den Karbonatiten Sibiriens (zum Standard RDW, Sibirien, Chikago)

Lfd. Nr.	Stadium des Karbonatitprozesses	Proben-Nr.	Bezeichnung der Karbonatite	Massiv	RDW C^{13}	
1	1. Stadium	3/17	Augitdiopsidkalzit	Osernyj	−0,54	
2	„	B-109 78/2	„	„	−0,67	−0,62
3	„	224−1	„	Sajan	−0,64	
4	„	14/600 B	„	Osernyj	−0,69	
5	„	P-17/43	Ägirindiopsidkalzit	Poworotnyj	−0,57	
6	„	Sch 79	Biotitkalzit	Osernyj	−0,59	
7	2. Stadium	5/5−1	Forsteritkalzit	Osernyj	−0,54	
8	„	5/7−1	„	„	−0,53	
9	„	442	„	Sajan	−0,63	−0,53
10	„	105−5/21	„	Osernyj	−0,57	
11	„	P/21−14	„	Poworotnyj	−0,47	
12	„	P-55	Phlogopitkalzit	„	−0,47	
13	„	G-263/2	„	Gek	−0,49	
14	3. Stadium	121/0	Amphibolkalzit	Osernyj	−0,40	
15	„	121/0−1	„	„	−0,38	
16	„	15/24−1	„	„	−0,54	
17	„	59/P	„	Sajan	−0,63	
18	„	P-84/1	„	Poworotnyj	−0,50	
19	„	P-18	„	„	−0,57	
20	„	G-254/7	„	Gek	−0,63	

1. Zur Entstehung des Kohlenstoffs der Karbonatite

Eine vergleichende Untersuchung der Isotopenzusammensetzung des Kohlenstoffs der Kalksteine, die die Karbonatitmassive Sibiriens umgeben (Tab. 2), und der Kalzite dieser Karbonatitmassive (Tab. 1) zeigte, daß sie wesentliche Unterschiede aufweisen. Der Bereich der Werte für die Kalksteine wird durch $\delta\,^{13}C$ 0,00 bis 0,01%, für die Kalzite aus den Karbonatiten mit $\delta\,^{13}C$ von −0,47 bis −0,67% gekennzeichnet. Eine ähnliche Gesetzmäßigkeit wurde, wie schon erwähnt, für die Karbonatitmassive der Kolahalbinsel und des Kaiserstuhls festgestellt (Tab. 4, Abb. 1). Das ist in geochemischer Hinsicht ein ziemlich überzeugendes Argument dafür, daß die Bildung der Karbonatite nicht mit einer merklichen Assimilation der diese Massive umgebenden Kalksteine zusammenhängt.

Bei einem Vergleich der Summe der vorhandenen Daten über die Isotopenzusammensetzung des sedimentären karbonatischen Kohlenstoffs und Sauerstoffs zeichnet sich deutlich ab, daß sich der Bereich der Isotopenzusammensetzungen (sowohl O_2 als auch C) insgesamt für die Karbonatite wesentlich von demjenigen für die Karbonate sedimentärer Genese unterscheidet. Die marinen Kalksteine (Tab. 3) und die sedimentären Karbonatgesteine mariner Genese sind durch ihr Ausfällen aus kalten Lösungen, die reich an H_2O^{18} mit der Isotopentrennung im System $CO_2 \rightleftharpoons CO_3^{2-}$ bei entsprechend niedrigen Temperaturen sind, am meisten mit schweren Isotopen angereichert. Die beobachteten Variationen $\delta\,^{13}C$ und $\delta\,^{18}O$ sind eine Folge der Temperaturschwankung von 8 bis 35°. Eine erheblich größere Dispersion von $\delta\,^{13}C$ der Süßwasserkarbonate in bezug auf die Anreicherung mit leichtem Isotop ist an das Vorhandensein organischer Kohlensäure bei ihrer Bildung gebunden (eine ähnliche Erscheinung ist auch in der Verwitterungszone der Kalksteine zu beobachten (GALIMOW & GRINENKO 1962). Die Isotopenzusammensetzung des Sauerstoffs der Süßwasserkalksteine wird durch die Werte $\delta\,^{18}O$ gekennzeichnet, die sich von denen für die Karbonatite unterscheiden.

Da bekanntermaßen der Prozeß der thermalen Metamorphosierung nicht die Ausgangsisotopenzusammensetzung der Karbonate verändert und die Isotopenzusammensetzung der vom Kontakt der Kalksteinfolge entfernten Marmore die Isotopenzusammensetzung der marinen Kalksteine beibehält, ist es wahrscheinlich schwierig, sich einen natürlichen Prozeß vorzustellen, bei dem sich die Isotopenzusammensetzung der sedimentären Karbonate sowohl beim Sauerstoff als auch beim Kohlenstoff bis zur Isotopenzusammensetzung der Karbonatite verändern würde.

Tab. 2. Isotopenzusammensetzung des Kohlenstoffs der Kalksteine, die das Gek- und Poworotnyj-Massiv umgeben

Lfd. Nr.	Bezeichnung der Probe	Massiv	^{13}C RDW
1	P-77	Poworotnyj	0,00
2	P-104	„	−0,02
3	P-102/2	„	−0,05
4	P-102/10	„	−0,05
5	P-75	„	0,00
6	G-282	Gek	−0,01

Zur Lösung des Problems der Herkunft der Kohlensäure (des Kohlenstoffs) der Karbonatite ist es zweckmäßig, die theoretischen Möglichkeiten der Erleichterung des Kohlenstoffs und des Wasserstoffs der sedimentären Karbonatite zu erörtern, die im Prinzip zu der in den Karbonatiten zu beobachtenden Verteilung der Isotope führen könnten. Betrachten wir zwei dieser Varianten.

1. Umlagerung bei hohen Temperaturen

Hierbei wird in einem bestimmten Temperaturintervall der abgesetzte Kalzit von neuem „leichter" bezüglich der Ausgangskohlensäure im Gleichgewicht $CO_{2(Gas)} \rightleftharpoons CO_{3(Lösung)}$.

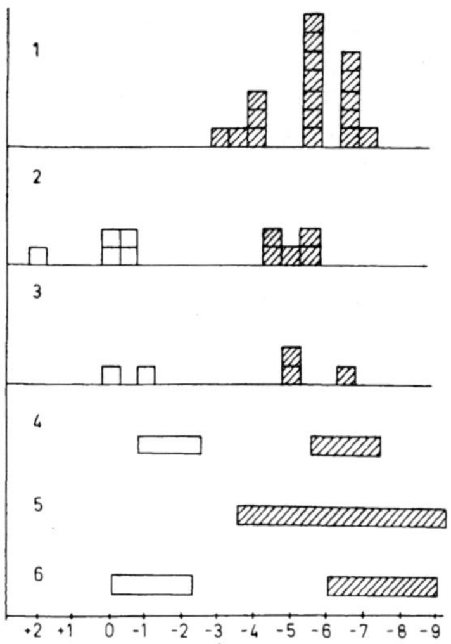

Abb. 1. Histogramm der Isotopenzusammensetzung des Kohlenstoffs der Kalzite aus den Karbonatitmassiven der Welt und den diese Massive umgebenden Kalksteinen

2. Die Kohlensäure der sedimentären Karbonate „wird leichter" durch das Eindringen von leichter Kohlensäure, z. B. biogener Reste bzw. war die primäre Kohlensäure noch leichter, und die Assimilation des sedimentären karbonatitischen Kohlenstoffs führte zu einem Schwererwerden bis zum Wert von $\delta\ ^{13}C$ $-0{,}7\%$.

Untersuchen wir nacheinander beide Fälle.

1. Bekanntlich hat die Gesetzmäßigkeit der Isotopenverteilung im System $CO_{2(G)} \rightleftharpoons CO^{2-}_{3(L)}$ komplizierten Charakter (Abb. 2). Abb. 2 stellt die Temperaturkurven der Isotopenaustauschgleichgewichte (1) für das System $CO_{2(G)} \rightleftharpoons CO^{2-}_{3(L)}$ dar: von H. C. UREY (1947), H. G. THODE u. a. (1965) und von uns (WINOGRADOW u. a. 1967) berechnet;

2. die experimentelle Kurve für das System $CO_{2(G)} \rightleftharpoons HCO_{3(L)}$, um die es sich weiter unten handelt.

Die Kurve (T) hat einen Inversionspunkt. Wenn der umgelagerte Kalzit im Temperaturintervall bis 150° im Vergleich zum Ausgangskalzit schwerer wird ($K > 1$), so wird der Kalzit über 150° „leichter" ($K < 1$). Die bei 150° oder nahe dabei umgelagerten Karbonatite entsprechen nach der Isotopenzusammensetzung dem Ausgangskohlenstoff ($K = 1$). Bis 300 °C ist eine starke Abhängigkeit der Isotopenzusammensetzung von der Temperatur zu beobachten.

Bei dieser Gelegenheit stellen wir fest, daß die hydrothermalen Kalzite des Nichtkarbonatittyps durch einen breiten Bereich der Isotopenzusammensetzung charakterisiert werden, was mit dem Unterschied sowohl der Quellen des Stoffs als auch der Bildungstemperatur zusammenhängt. Die Karbonatite werden durch einen engen Bereich der Isotopenzusammensetzung gekennzeichnet. Im Prinzip könnte man sich thermostatische Bildungsbedingungen für die Karbonatitkörper, d. h. ihre Bildung bis zu einem Temperaturpunkt, vorstellen, an dem die Trennung im System $CO_{2(G)} \rightleftharpoons CO^{2-}_{3(L)}$ der beobachteten Differenz zwischen dem karbonatitischen und dem sedimentären Kohlenstoff entspricht. Für das erste Stadium entspricht sie $\delta\ ^{13}C\ -0{,}7\%$. Eine solche Isotopentrennung ist bei Temperaturen möglich, die 300 °C nicht überschreiten.

Eine derartige Ordnung der Temperaturwerte entspricht jedoch nicht den geologisch-mineralogischen Beobachtungen und den Isotopendaten (TAYLOR 1967), die aus den Beziehungen der Sauerstoffisotope in den monomineralischen Fraktionen der mineralischen Sauerstoffkarbonatite gezeigt haben, daß die Bildung der ersten Hochtemperaturstadien bei Temperaturen nicht unter 500—600 °C vor sich ging. Bei diesen Temperaturen fehlt eine Isotopenfraktionierung; die Isotopens zusammensetzung des Kohlenstoffs und des Sauerstoffdes neugebildeten Kalzits entspricht der Isotopenzusammensetzung in der primären Kohlensäure. So erfolgte die Bildung der Karbonatitstadien aus Kohlen-

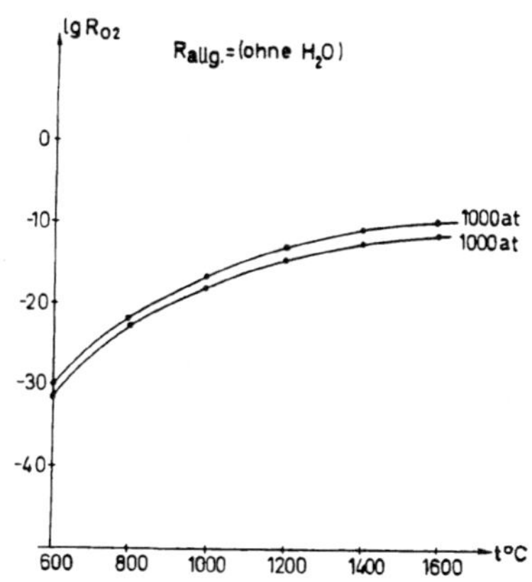

Abb. 2.

Tab. 3. Zusammenfassende Daten für $\delta\ ^{18}O$ und $\delta\ ^{13}C$ für die sedimentären Kalksteine und Karbonatite (zum Standard RDW)

karbonatisches Material	Anzahl der Bestimmungen	$\delta\ ^{18}O$ % Dispersion	$\delta\ ^{13}C$ % Dispersion	$\delta\ ^{18}O$ % gemittelt	$\delta\ ^{13}C$ % gemittelt	Literatur
marine Sedimente und sedimentäre Kalksteine	200	von +0,1 bis −0,6	von +0,5 bis −0,2	±0,3	±0,2	vorliegende Arbeit
Süßwassersedimente	73	von −0,5 bis −1,0	von +0,5 bis −1,6	−0,7	–	
Karbonatite, Kalzit	33	von −1,5 bis −2,4	von −0,47 bis −0,69	−2,20	−0,62	vorliegende Arbeit
für Sauerstoff	55					
für Kohlenstoff						
Meteorite						
Olivin						
(für alle Meteorittypen)		von 2,0 bis −2,3		−2,08		
Graphit (Einschlüsse)			von −0,5 bis −0,7		−0,67	

Tab. 4. Isotopenzusammensetzung des Kohlenstoffs der kalzitischen Karbonatite aus verschiedenen Massiven der Welt (zusammenfassende Tabelle)

Massiv	Anzahl der Bestimmungen	Dispersion $\delta^{13}C$	$\delta^{13}C$	$^{12}C/^{13}C$	Autor
Karbonatite Sibiriens	21	−0,68	−0,68	89,59	vorliegende Arbeit
Kaiserstuhl (Westdeutschland)	22	−0,54 −0,75	−0,64	89,56	GONFIANTINI
Alno	8	−0,4 −0,9	−0,63	89,54	ECKERMANN, BAERTSCHI
Kolahalbinsel	12	−0,76	−0,64	89,56	DONZOWA

säure mit der Isotopenzusammensetzung des Sauerstoffs und des Kohlenstoffs entsprechend den endogenen Formen dieser Elemente und nicht entsprechend dem sedimentären karbonatischen Kohlenstoff.

Zum andern ist es wenig wahrscheinlich, daß die Assimilation der „leichten" Kohlensäure durch den karbonatischen Herd oder der sedimentären Kohlensäure durch einen „leichten" Herd zu einer quantitativen Korrelation des aus dieser Quelle erhaltenen Karbonats (Karbonatits) gerade zu endogenem Kohlenstoff und Sauerstoff (zu Sauerstoff der Meteorite, ultrabasischer Gesteine, zu Kohlenstoff der Diamanten der Kimberlitpipes endogener Kohlensäure) führen würde (der Kohlensäure der Vulkane nach TROFIMOW 1952; der atmosphärischen Kohlensäure über dem Ozean nach KEELING 1961).

Nach der Meinung von N. TAYLOR u. a. wäre bei dieser Variante nach der Isotopenzusammensetzung des Sauerstoffs eher die Nähe zu Graniten gegeben.

Die geringe Dispersion der Isotopenzusammensetzung des Kohlenstoffs der Kalzite aus verschiedenen Karbonatmassiven der Welt ist ein Zeugnis für die einheitliche Herkunft ihres Kohlenstoffs und für die Einheitlichkeit des Bildungsprozesses. Es ist hier festzustellen, daß ähnliche Karbonate endogener Genese von uns nach Isotopendaten auch in Kimberliten identifiziert wurden (WINOGRADOW u. a. 1965, 1967).

Die Kohlensäure der Kimberlite Sibiriens steht nach der Isotopenzusammensetzung den Diamanten der Kimberlitpipes nahe, sie weist $\delta^{13}C$ —0,7% auf und unterscheidet sich wesentlich von den diese Massive umgebenden Kalksteinen, was auf den Grad der Karbonatisierung des Kimberlits zurückzuführen ist.

2. Physikalisch-chemische Analyse der Bildung der tiefen Kohlensäure

Wie schon bemerkt, liegt, geochemisch gesehen, endogene Kohlensäure wahrscheinlich vor, da die Oxydationsprozesse des Mantelkohlenstoffs seine Abführung aus dem Mantel in Form von Gasverbindungen bedeuten. Die Vorstellung über eine juvenile Entstehung der Kohlensäure der Karbonatite, die von uns auf Grund von Isotopendaten sowohl für den Kohlenstoff als auch für den Sauerstoff vertreten wird, erfordert eine Überprüfung der thermodynamischen Möglichkeit der Oxydation des Kohlenstoffs unter Tiefenverhältnissen. Dazu betrachten wir einige Eigenschaften der Systeme, die freien Kohlenstoff enthalten.

Im einfachsten Fall, wenn das System von Kohlenstoff und seinen sauerstoffhaltigen Derivaten CO und CO_2 gebildet wird und der allgemeine Druck fixiert ist, ist das System invariant[1]), d. h., jeder Temperatur entspricht eine bestimmte Beziehung der Gase O_2, CO und CO_2. Auf dem Diagramm drückt sich das in einer starren Abhängigkeit des R_{O_2} von T bei gleichbleibendem Gesamtdruck aus.

Es ist zu unterstreichen und weiterhin zu berücksichtigen, daß allen Konstruktionen die Annahme über die obligatorische Anwesenheit des überschüssigen elementaren Kohlenstoffs in der festen Phase zugrunde liegt, was im allgemeinen auch der Wirklichkeit entspricht, wenn es sich um kohlenstoffhaltige ultrabasische Gesteine handelt.

Die Berechnung[2]) des Kohlensäuregehalts zeigt, daß die Gasphase bei niedrigen Temperaturen (800 °K) praktisch vollkommen aus Kohlensäure besteht, bei 1600° — wenngleich auch in untergeordneten Mengen bezüglich CO, jedoch im großen und ganzen nach den absoluten Werten (27%, d. h. 540 atm bei 2000 atm des Gesamtgasdrucks) — ist der Anteil von R_{O_2} ganz gering und kann in der allgemeinen Summe des Drucks nicht berücksichtigt werden. Wenn das System durch die Anwesenheit von Wasserstoff und folglich auch von Produkten der Wechselwirkung von H_2, C, O_2, H_2O, CH_4 und anderen Kohlenwasserstoffen kompliziert ist, geht der genaue Zusammenhang der Zusammensetzung mit der Temperatur verloren. Bei fixierten R- und T-Werten kann sich die Zusammensetzung der Gase entsprechend den Möglichkeiten der unabhängigen Veränderung einer der Gaskomponenten ändern.

Eine gewisse Bestimmtheit in das System zu bringen, ist zunächst möglich, wenn man annimmt, daß das Methan ein einheitlicher, im System gebildeter Kohlenwasserstoff ist und daß der Ursprung des Sauerstoffs und Wasserstoffs im System nur Wasser ist (Verhältnisse eines isolierten Systems).

Für geringe Gesamtdrücke wurde die Temperaturabhängigkeit des Komponentengehalts im $C-H_2O$-System auf der elektronischen Rechenmaschine berechnet (CAIRNS & TEVEBAUCH 1964). Der Druck muß vor allen Dingen in den Reaktionen zum Ausdruck kommen, die mit einer Veränderung des Umfangs vor sich gehen.

Tabelle 5

T°K	R_{H_2O}	R_{CO_2}	R_{H_2}	R_{CO}	R_{CH_4}	R_{O_2}
800	770	970	13	3	250	$10^{-22,0}$
1600	255	85	540	590	510	$10^{-11,0}$

[1]) Die invarianten Eigenschaften dieses Systems kann man zeigen, indem man die Methode der GIBBSschen Phasenregel benutzt: aus der Beziehung $C + F = K + 2$,

wobei

F — die Zahl der Phasen = 2 (fester und gasförmiger Kohlenstoff);
K — die Zahl der Komponenten = 2 (C u. O_2);
2 — die Parameter R und T sind.

Folglich ist die Zahl des Freiheitsgrades $C = 2$. Wenn man R und T fixiert, ist $C = 0$, d. h., die Zusammensetzung der Gasphase muß vollkommen bestimmt werden.

[2]) Die Berechnung des Gleichgewichtsdrucks des Sauerstoffs kann durch die Lösung der Gleichung $R_{allg.} = K_1 R_{O_2} + K_2 R_{O_2}^{1/2}$ erfolgen,

wobei

K_1 — die Reaktionskonstante $C + O_2 = CO_2$ und
K_2 — die Reaktionskonstante $C + {}^1/_2 O_2 = CO$ ist,

deren Temperaturabhängigkeit in einem breiten Temperaturbereich gut bekannt ist. Daraus können R_{CO} und R_{CO_2} berechnet werden.

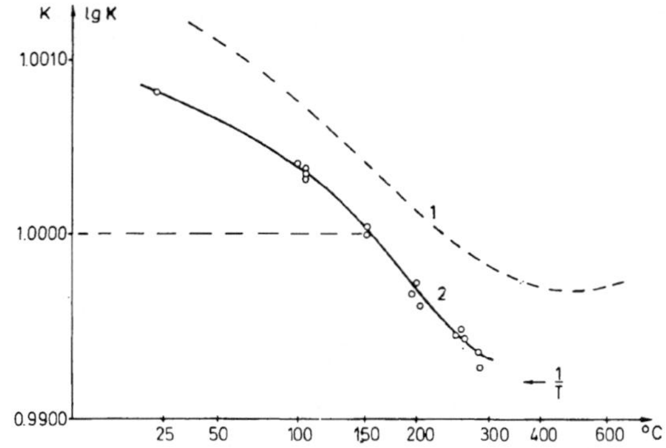

Abb. 3. Kurven der karbonatischen Isotopenaustauschgleichgewichte

1 – berechnete Kurve für das Gleichgewicht $CO_{2(G)} \rightleftharpoons CO^{2-}_{3(L)}$; 2 – experimentelle Kurve für $CO_{2(G)} \rightleftharpoons HCO_{3(L)}$

Die Zusammensetzung[3]) der Gleichgewichtsgase ist für diesen Fall bei einem Gesamtdruck von 2000 atm in Tab. 5 zusammengestellt: $R_{ges.} = 2000$ atm.

Aus der Tab. ergibt sich, daß das CHO-System sogar bei vorherrschenden Wasserstoffdrücken erhebliche Mengen Kohlensäure enthalten kann, die mit der Abnahme der Temperatur zunimmt.

Zusammenfassend kann daher gesagt werden, daß eine Betrachtung der Eigenschaften des CHO-Systems für Tiefenverhältnisse zeigte, daß thermodynamisch eine Bildung von Kohlensäure aus tiefem Kohlenstoff unter Bedingungen, die für den oberen Mantel charakteristisch sind, nicht ausgeschlossen ist.

3. Zur Geothermometrie des Karbonatitprozesses

Es wurde schon darauf hingewiesen, daß die Bildung der Karbonatitkörper nach geologisch-petrologischen Beobachtungen in einem gewissen Temperaturintervall vor sich geht, das nach petrologischen Daten auf 300 bis 700 °C geschätzt wird. Uns interessierte die Anwendung der Isotopenmethode für die unabhängige Überprüfung dieses Intervalls.

Die Verwendung von Isotopendaten zur Geothermometrie beruht auf der Anwendung der Abhängigkeit der Konstanten der Isotopenaustauschgleichgewichte in den Systemen von der Temperatur. Folglich ist es notwendig, sich für die Isotopenthermometrie eine primäre Kohlenstoffquelle der Kohlensäure, die die Karbonatite oder überhaupt die Karbonate bildet, vorzustellen, die wir für die Karbonatite entsprechend dem Obendargelegten mit $\delta\,^{13}C$ –0,7% annehmen.

Die Bildung der Karbonatite geht nach dem Mechanismus des Ausfällens der Karbonate aus Kohlensäurelösungen vor sich. Die Isotopenaustauschgleichgewichte wiesen in ähnlichen, aus quantenmechanischen Daten berechneten Systemen eine ungewöhnliche Form der Abhängigkeit der Isotopenaustauschkonstanten von der Temperatur auf. Die Kurve näherte sich nicht monoton 1, sondern Kurve (1) $K_1 = f(T)$ wechselte das Vorzeichen (Abb. 3).

In Verbindung damit erhielt die experimentelle Überprüfung der Temperaturabhängigkeit der Isotopentrennung im System $CO_{2(G)} \rightleftharpoons HCO^{-}_{3(L)}$ bei Temperaturen, die wesentlich über den Zimmertemperaturen liegen, Interesse; ganz zu schweigen von dem Näherungsgrad der Berechnungen und der starken Abhängigkeit der (berechneten) K-Werte von der Auswahl der Häufigkeiten der sich austauschenden Moleküle. Sofern die Isotopenaustauschgleichgewichte in derartigen Lösungen bis zu Temperaturen untersucht sind, die 100 °C nicht übersteigen, führten wir eine Untersuchung des Isotopenaustauschgleichgewichts im System $CO_{2(G)} \rightleftharpoons CO^{2-}_{3(L)}$ bis zu Temperaturen von 300 °C durch.

Von der Verf. wurde eine Methodik ausgearbeitet und angewendet, die auf dem schnellen Absetzen von $CaCO_3$ aus HCO_3-Lösungen durch $CaCl_2$ bei einer Versuchstemperatur und der nachfolgenden Entnahme und Isotopenanalyse der Gasphase beruht; dabei wird im Absatz CO_2 des Bikarbonats fixiert, das mit der Gasphase im Gleichgewicht ist (MAMENIL u. a. 1967).

Nach den ermittelten Daten wurde die Kurve (2) $K_2 = f(T)$ konstruiert (Abb. 3). Die Form der experimentellen Kurve korreliert mit der theoretischen, und es gibt keinen Grund zu der Annahme, daß diese Korrelation bei höheren Temperaturen verlorengeht. Aus der Form der Kurve geht hervor, daß die Thermometrie bei niedrigen Temperaturen (25 bis 300 °C) aussichtsreich ist; bei höheren Temperaturen fehlt die Trennung zwischen der Gas- und der festen Phase. Daher kann die Methode der Karbonatisotopentemperatur schwerlich für die Hochtemperaturkarbonate angewendet werden, es sei denn für grobe qualitative Schätzungen des Temperaturbereichs ihrer Bildung.

Das Vorhandensein eines Inversionspunktes ($T = 150°$); $K = 1$ führt zur Unterschiedlichkeit der Hochtemperaturkalzite und Kalzite, die sich im Bereich um 150 °C gebildet haben.

Eine vergleichende Untersuchung der Isotopenzusammensetzung des Kohlenstoffs aus verschiedenen Stadien der Karbonatitmassive Sibiriens zeigte, daß die Schwankungsbereiche von $\delta\,^{13}C$ für die ersten Hochtemperaturstadien durch $\delta\,^{13}C$-Größen von –0,54% bis –0,67%, des dritten Kalzitstadiums von –0,47% bis –0,63% gekennzeichnet sind.

Die $\delta\,^{13}C$-Größen der Stadien stehen sich also ziemlich nahe. Bei einem Vergleich dieser Ergebnisse mit der Abhängigkeitskurve $K = f(T)$ kann man lediglich mit Bestimmtheit sagen, daß auch das dritte Stadium „mit niedrigen Temperaturen", das durch der primären Kohlensäure nahe $\delta\,^{13}C$-Werte charakterisiert wird, bei Temperaturen gebildet wurde, die 300 °C überschreiten.

4. Schlußfolgerungen

Die Untersuchung der Isotopenzusammensetzung des Kohlenstoffs in den Kalziten der Karbonatitmassive Sibiriens und in den diese Massive begleitenden

---

[3]) Die Berechnung der Gaszusammensetzung erfolgt:

1. auf dem Wege der Lösung des Gleichungssystems $R_{ges.} = R_{H_2O} + R_{CO_2} + R_{CO} + R_{CH_4} + R_{H_2}$ $2R_{CH_4} + R_{H_2} = R_{CO} + 2R_{CO_2}$ das Verhältnis des geschlossenen Kohlenstoffsystems mit Wasser als Quellen des Sauerstoffs und Wasserstoffs und

2. auf dem Weg der Lösung der entsprechenden Gleichungen, die die Reaktionskonstanten der Wechselwirkung zwischen den Komponenten der Gasphase und dem Kohlenstoff ausdrücken.

Bei den Berechnungen nimmt man an, daß sich der Gesamtdruck aus den speziellen Drücken der Gaskomponenten nach dem DALTONschen Gesetz zusammenssetzt und die Gleichgewichtskonstanten der chemischen Reaktionen nicht vom Druck abhängen. Bei derart groben Berechnungen, wie sie hier vorgenommen wurden, haben diese Näherungen keine Bedeutung.

Kalksteinen bestätigte auf einem neuen Gebiet das von E. I. DONZOWA und A. A. KUCHORENKO früher festgestellte Fehlen einer Assimilation der sedimentären Kalksteine bei der Bildung der Karbonatitkörper und die Nähe der Isotopenzusammensetzung des Kohlenstoffs der Kohlensäure in den Karbonatiten zu den endogenen Formen des Kohlenstoffs.

Eine thermodynamische Analyse des CHO-Systems für Tiefenverhältnisse, die zur Formierung von Karbonatmineralien führten, zeigte, daß thermodynamisch die Bildung von Kohlensäure im oberen Mantel nicht ausgeschlossen ist.

Das experimentell untersuchte Isotopenaustauschgleichgewicht im System $CO_{2(G)} \rightleftharpoons HCO^{-}_{3(L)}$ im Bereich von Temperaturen, die der Bildung hydrothermaler Kalzite entsprechen, und die Isotopenzusammensetzung des Kohlenstoffs in den Kalziten verschiedener Stadien des Karbonatitprozesses (zum Beispiel der Lagerstätten Sibiriens) zeigten, daß der Karbonatitprozeß in seinen niedrigsten Stadien bei Temperaturen nicht unter 300 °C erfolgt.

Literatur

BAERTSCHI, P.: Messung und Deutung relativer Häufigkeitsvarianten von O^{18} und C^{13} in Karbonatgesteinen und Mineralien. – Schweiz. Mineral. Petrogr. Mitt., 37, 1 (1957).

BORODIN, L. S.: Die Genese der Karbonatitlagerstätten und ihre geologische Bindung an die Massive der ultrabasisch-alkalischen Gesteine. – Genetische Probleme der Erze. Vortr. sowj. Geol. XXI. Intern. Geol. Kongr., Gosgeoltechisdat (1960).

CAIRNS, E. J., & A. D. TEVEBAUCH: CHO Gas Phase Compositions in Equilibrium with Carbon, and Carbon Deposition Boundaries at One Atmosphere. – Chemical and Engineering Data.

CRAIG, H.: The geochemistry of the stable carbon isotopes. – Geochim. et Cosmochim. Acta, 3, p. 53 (1953).

DAILY, R. A.: Origin of the alkaline rocks. – Bull. Geol. Soc. America, v. 67 (1956).

ECKERMANN, H.: The genesis of the Alno alkaline rocks. – Rep. Int. Geol. Congr. XVIII G. B., pt. 3 (1948).

EPSCHTEJN, E. M.: Über die Karbonatite und ihre strukturelle Stellung im Gulin-Pluton. – Abh. Inst. Geol. Arktis, Bd. 107, 13–22 (1959).

GINSBURG, A. I., E. A. NETSCHAJEWA, JU. B. LAWRJONOW & L. K. POSHARISKAJA: Karbonate der seltenen Metalle. – Serie „Geologie d. Lagerstätten seltener Elemente", Ausg. 1, Gosgeoltechisdat (1958).

GONFIANTINI, G., & E. TONGIORGI: La Composition Isotopique des Carbonatites du Kaiserstul. – Atomique Euratom, No. 1627, p. 193 (1964).

GRINENKO, W. A., & E. M. GALIMOW: Die Geochemie der Kohlenstoffisotope in der Verwitterungskruste der Kalksteine. – Sammelbd. „Probleme der Geochemie", z. 70. Geburtstag von Akademiemitgl. A. P. WINOGRADOW.

HULSTON, H., & MCCABE: Mass-spectrometer measurements in the thermal areas of New Zealand. – Geochim. et Cosmochim. Acta, v. 26, No. 3 (1962).

JEWSIKOWA, N. S., & A. A. MOSKALJUK: Gasförmig-flüssige Einschlüsse in Karbonaten der Karbonatite. – Vortr. Akad. Wiss. UdSSR, 159, 1, 98–102 (1964).

KEELING, C.: The concentration and isotopic abundance of carbon dioxide in rural and marine air. – Geochim. et Cosmochim. Acta, v. 24, No. 3/4, p. 227 (1961).

KEITH, M. L., G. M. ANDERSON & R. EICHLER: Carbon and oxygen isotopic composition of mollusc shells from marine and fresh–water environments. – Geochim. et Cosmochim. Acta, v. 28, No. 11 (1964).

KUCHORENKO, A. A.: Der paläozoische Komplex der ultrabasischen und alkalischen Gesteine der Kola-Halbinsel und die an ihn gebundenen Lagerstätten seltener Metalle.

KUCHORENKO, A. A., & E. I. DONZOWA: Zum Problem der Genese der Karbonatite. – Geol. d. Erzlagerst., 2 (1962).

LANDERGREN, S.: On the geochemistry of the north Atlantic sediment. – Core Nr. 238, Rept. Swed. Deep-Sea Expedition 1947–1948, v. 7, No. 2 (1954) [1954a].

– On the relative abundance of the stable carbon isotopes in marine sediments. – Deep-Sea Research (1954) [1954b].

LANG, B. B.: The Origin of some Natural Carbon Dioxide Gases. – Geophysical Research, v. 64, No. 1, p. 277 (1959).

MALININ, S. D., O. I. KROPOTOWA & W. A. GRINENKO: Experimentelle Bestimmung der Konstanten des Isotopenaustauschs von Kohlenstoff im System $CO_{2(G)} \rightleftharpoons HCO_{3(L)}$ bei hydrothermalen Bedingungen. – Geochimija, Nr. 8 (1967).

NIKISCHOW, K. N., & W. K. MARSCHINZEW: Die intrusiven Karbonatite und ihre Beziehungen zu den Kimberliten Jakutiens. – Abh. 11. Tag. Geol. d. Diamantlagerst., Perm 1967.

PECORA, N. T.: Carbonatites. – A review Bulletin of the Geol. Soc. of Amer., vol. 67, November (1956).

POSHARISKAJA, L. K., & E. M. EPSCHTEJN: Petrochemische Besonderheiten des Bildungsprozesses der Karbonatite. – Abh. 3. petrograph. Allunionstag., Verl. Nauka, Moskau 1964.

ROONEY, L. F.: An organic carbon in phosphoric formation. – Bull. Amer. Petrol. Geologists, v. 40, p. 2267 (1956).

SCHEJNMANN, JU. M.: Einige geologische Besonderheiten der ultrabasischen und ultraalkalischen magmatischen Bildungen auf Tafeln. – Not. Mineralog. Allunionsges., 84, Nr. 2 (1955).

SMITH, W. C.: A review of some problems of Africa carbonatites. – Quart. J. Geol. Soc. London, No. 446, v. ex II, Part. 2 (1956).

THODE, H. G., M. SHIMA, C. E. REES & K. V. KRISHNAMURTHY: Carbon-13 isotope effects in systems containing carbon dioxide, bicarbonate, carbonate and metal ions. – Canad. J. Chem., vol. 43, p. 582 (1965).

UREY, H. C.: Thermodynamic of the isotopic exchange. – Journ. Chem., Soc., p. 562–581 (1947).

WEBER, J. N.: Variations of oxygen and carbon isotopes in the calcium carbonate Pleistocene Varved Clays from Toronto, Canada. – Nature, No. 4934, 201 (1964) [1964a].

– Carbon – oxygen isotopic compositions of Flagstaff carbonate rocks and its bearing on the history Paleocene – Eocene Flagstaff of central Utah. – Geochim. et Cosmochim. Acta, v. 28, No. 8 (1964) [1964b].

WHITE, D. E., & G. A. WARING: Volcanic Emanations. – Data of Geochemistry, Sixth Edition, Chapter K. (1963).

WICKMAN, F. E.: The cycle of carbon and the stable carbon isotopes. – Geochim. et Cosmochim. Acta, vol. 9, p. 136 (1956).

WINOGRADOW, A. P.: Geochemie der Isotope. – Bote Akad. Wiss. UdSSR, Nr. 5 (1954).

– Die Isotopenbeziehungen in den magmatischen Gesteinen. Sammelbd. Geochemie der seltenen Elemente in Verbindung mit dem Problem der Petrogenese. – Verl. Akad. Wiss. UdSSR (1959) [1959a].

– Die chemische Evolution der Erde. – Inst. „W. I. Wernadskij", 1, Verl. Akad. Wiss. UdSSR (1959) [1959b].

– Meteorite und Erdkruste. – Iswest. Akad. Wiss. UdSSR, ser. geol., Nr. 10 (1959) [1959c].

– Über die Entstehung der Substanz der Erdkruste. – Geochimija, Nr. 1 (1961).

– Die Entstehung der Erdhülle. – Nachr. Akad. Wiss. UdSSR, ser. geol., Nr. 11 (1962).

– Das Gasregime der Erde. In: Die Chemie der Erdkruste. – Verl. Nauka, M. (1964) [1964a].

– Upper-earth's crust. – ICSU (1964) [1964b].

– Geochemische Probleme der Evolution des Ozeans. – Bote Akad. Wiss. UdSSR, Nr. 9 (1966).

WINOGRADOW, A. P., & O. I. KROPOTOWA: Die Quellen des Kohlenstoffs der Diamanten der Kimberlitpipes nach Isotopendaten. – Abh. 11. Tag. Geol. Diamantenlagerst., Perm 1967.

WINOGRADOW, A. P., E. I. DONZOWA & M. S. TSCHUPACHIN: Die Isotopenzusammensetzung des Sauerstoffs der Meteorite. – Geochimija, Nr. 3 (1958).

WINOGRADOW, A. P., O. I. KROPOTOWA & W. I. USTINOW: Die möglichen Quellen der natürlichen Diamanten nach Isotopendaten. – Geochimija, Nr. 6 (1965).

WINOGRADOW, A. P., O. I. KROPOTOWA, E. M. EPSCHTEJN & W. A. GRINENKO: Die Isotopenzusammensetzung des Kohlenstoffs der Kalzite verschiedener Stadien des Karbonatitprozesses in Verbindung mit Fragen der Genese der Karbonatite. – Geochimija, Nr. 5 (1967).

Korrelations- und Regressionsanalyse bei der Lagerstättenerkundung

BLAHOMIL SOUKUP, Prag

Die Grundlagen der Korrelations- und Regressionsanalyse — die einfache lineare Korrelation und Regression und ihre Anwendung bei der Erkundung von Lagerstätten mineralischer Rohstoffe — wurden in der Zeitschrift „Geologický průzkum", Nr. 6/1965, beschrieben. Bei der Auswertung von Erkundungsdaten haben wir es jedoch auch mit nichtlinearen und komplexen Abhängigkeiten zu tun, wobei auf eine Größe gleichzeitig mehrere Größen einwirken. Es handelt sich hier um nichtlineare und Mehrfachkorrelationen, die im folgenden behandelt werden.

Die untenangegebenen Formeln gelten jedoch allgemein auch für die einfache lineare Korrelation, da sie eine breitere Verallgemeinerung der Korrelationsbeziehungen darstellen. Von diesem Gesichtspunkt kann man die

Aus: „Geologický průzkum", H. 2, S. 41–44 (1968).
Übers.: F. MÜLLER, Grünheide/Mark.

einfache lineare Korrelation als Sonderfall der allgemeinen Korrelation betrachten.

Nichtlineare Korrelation

Bei der Berechnung der Koeffizienten der nichtlinearen Korrelation sind zunächst die Koeffizienten der approximierenden Regressionsfunktion — in der Regel eines Polynoms höherer Ordnung — zu bestimmen. Auch wenn man andere Funktionstypen anwenden kann, erweisen sich jedoch Funktionen des Polynomtyps bei der praktischen Anwendung als vorteilhafter. Es handelt sich allgemein um Funktionen des folgenden Typs:

$$y^1 = a + a_1 x + a_2 x^2 + \cdots\cdots + a_m x^m \qquad (1)$$

Eine weitere Verallgemeinerung ist die Funktion mehrerer Veränderlicher, z. B. das Polynom der dritten Ordnung zweier Veränderlicher:

$$z^1 = a + a_1 x + a_2 y + a_3 x^2 + a_4 xy + a_5 y^2$$
$$+ a_6 x^3 + a_7 x^2 y + a_8 xy^2 + a_9 y^3 \qquad (2)$$

Die angeführten Grade des Polynoms umfassen auch niedrigere Grade. So stellen z. B. die ersten beiden Glieder der Formel (1) die Gleichung einer Geraden und die ersten drei Glieder der Formel (2) die Gleichung einer Ebene dar. Daher gelten die im weiteren angeführten Formeln für die nichtlineare Korrelation auch für die lineare Korrelation.

Zur Berechnung der Koeffizienten der approximierenden Funktion können verschiedene Methoden angewandt werden. Am häufigsten wird die Methode der kleinsten Quadrate angewandt, bei der die approximierende Funktion so gewählt ist, daß die Summe der Quadrate der Abweichungen der gegebenen Werte (y) von den Werten (y') dieser Funktion am kleinsten ist.

Die Werte y' werden auf der Grundlage der approximierenden Funktion bestimmt. Durch partielle Differentiation von (3) nach den einzelnen Koeffizienten a_k

$$\sum_{i=1}^{n} (y_i - y_i')^2 = \min \qquad (3)$$

erhält man ein System linearer Gleichungen, aus deren Lösung man die Schätzwerte für die Regressionskoeffizienten erhält. So wird z. B. bei der Funktion einer Veränderlichen das System der linearen Gleichungen für das approximierende Polynom 4. Grades wie in Formel 4 dargestellt.

I. II. III.

$$\begin{array}{lllll|l}
n & + a_1 \Sigma x + & a_2 \Sigma x^2 + & a_3 \Sigma x^3 & + a_4 \Sigma x^4 = \Sigma y & \\
a \Sigma x & + a_1 \Sigma x^2 + & a_2 \Sigma x^3 + & a_3 \Sigma x^4 & + a_4 \Sigma x^5 = \underline{\Sigma xy} & \text{I.} \\
a \Sigma x^2 & + a_1 \Sigma x^3 + & a_2 \Sigma x^4 + & a_3 \Sigma x^5 & + a_4 \Sigma x^6 = \underline{\Sigma x^2 y} & \text{II.} \\
a \Sigma x^3 & + a_1 \Sigma x^4 + & a_2 \Sigma x^5 + & a_3 \Sigma x^6 & + a_4 \Sigma x^7 = \underline{\Sigma x^4 y} & \text{III.} \\
a \Sigma x^4 & + a_1 \Sigma x^5 + & a_2 \Sigma x^6 + & a_3 \Sigma x^7 & + a_4 \Sigma x^8 = \Sigma x^4 y &
\end{array} \qquad (4)$$

Das angeführte System linearer Gleichungen für das approximierende Polynom 4. Grades umfaßt auch niedrigere Grade, wie durch die Linien angedeutet wird. Der Koeffizient der Korrelation (bzw. der Korrelationsindex — die Bezeichnung für nichtlineare Korrelationen) wird nach Formel (5) berechnet.

$$I_{xy} = \sqrt{1 - \sum_i (y_i - y_i')^2 / \sum_i (y_i - \bar{y})^2} \qquad (5)$$

y_i sind die gegebenen Werte, y_i' sind die errechneten Werte, und $\bar{y}$ ist der Mittelwert. Das Quadrat des Korrelationsindexes — das Bestimmtheitsmaß — gibt an, welcher Anteil der Gesamtstreuung der Veränderlichen y durch die Streuung der unabhängigen Veränderlichen x hervorgerufen wird. Völlig analog geht man auch bei einer nichtlinearen Funktion mehrerer Veränderlicher vor.

Für praktische Berechnungen werden etwas abgeänderte Formeln angewandt, die hier nicht angeführt werden, da man diese Berechnungen heute auf dem Rechenautomaten durchführt, wobei ein anderes Verfahren als bei der üblichen Berechnung Anwendung findet.
Die angegebenen Formeln sollen nur den Inhalt der verwendeten Begriffe zeigen und dienen nicht zur eigentlichen Berechnung.

Tab. 1

1 — Ausgleich mit einem Polynom III. Grades, 2 — Koeffizienten des approximierenden Polynoms, 3 — Koordinaten, ausgeglichene Werte, Differenzen der ursprünglichen und ausgeglichenen Werte

x 0	.y 0	1,273768	1,197635	7,627733
x 1	.y 0	3,754847	—,4896223	4,601307
x 0	.y 1	—3,791711	—,2740259	2,696740
x 2	.y 0	—1,218778	,1033302	3,319307
x 1	.y 1	,9356911	,1639213	—8,097447
x 0	.y 2	1,520820	—,0017970	2,373533
x 3	.y 0	—,5384953	—,0312521	,1539241
x 2	.y 1	1,411603	,0384354	—,8186844
x 1	.y 2	—1,106433	—,0498141	1,322583
x 0	.y 3	,0223069	,0130480	—,4087237

1,60000	,530000	2,5882	,0118	,57573	,0243	18,770
2,40000	1,30000	2,5132	—,0132	,45228	—,0723	20,507
2,98000	2,14000	4,1533	,4467	,45832	,0617	18,377
4,56000	3,23000	2,3210	,0790	,31207	,0079	20,594
1,70000	2,27000	4,1594	—,4594	,48004	—,0600	14,337
2,53000	2,99000	6,1777	—,9777	,47647	,1035	14,357
3,22000	3,63000	7,2161	1,484	,50377	—,0838	14,169
3,59000	4,02000	7,3679	,2321	,50969	—,0397	14,147
4,02000	4,10000	7,4345	—1,635	,49663	—,0466	14,221
4,46000	4,36000	7,0515	—,9515	,44684	,0032	14,504
,700000	2,27000	1,6770	,5230	,53968	,1103	17,092

Aus dem Ausdruck unter der Wurzel in der Formel (5) kann man leicht die weiteren Charakteristika herauslesen. Es sind dies vor allem:

Streuung der Veränderlichen y:

$$s_y^2 = \sum_{i=1}^{n} (y_i - \bar{y})^2 / (n - r) \qquad (6)$$

maßgebliche Abweichung der Veränderlichen y:

$$s = \sqrt{s_y^2} \qquad (7)$$

Zeitschrift für angewandte Geologie, Bd. 15 (1969), Heft 3

Tabelle 2

Grad des Polynoms	Korrelationskoeffizienten		
	Mächtigkeit	Körnung	Schlämmbarkeit
I.	0,492	0,297	0,331
II.	0,703	0,393	0,714
III.	0,852	0,625	0,735
IV.	0,912	0,798	0,879
V.	0,880	0,692	0,908

Reststreuung (d. h. Streuung der gegebenen Werte um die approximierende Funktion):

$$s_r^2 = \sum_{i=1}^{n} (y_i - y_i')^2/(n - r) \qquad (8)$$

maßgebliche Restabweichung:

$$s_r = \sqrt{s_r^2} \qquad (9)$$

wobei n die Anzahl der Werte der gegebenen Veränderlichen, r die Anzahl der Koeffizienten der approximierenden Funktion sind. Die Reststreuung gibt eigentlich die Ungenauigkeit an, zu der es kommt, wenn man die gegebenen Werte durch die Werte der approximierenden Funktion ersetzt.

Bei kleinen Datenkomplexen ist es zweckmäßig, den Bedeutungsgehalt des errechneten Korrelationskoeffizienten zu testen. Bei großen Komplexen ist der Koeffizient 0,5 bereits ein Anzeichen einer gewissen Abhängigkeit, bei kleineren Komplexen aber braucht auch ein höherer Koeffizient nicht von einer Abhängigkeit der verfolgten Erscheinungen zu zeugen. Das Testen erfolgt nach der folgenden Formel:

$$t = I_{xy} \sqrt{(n - r)/(1 - I_{xy}^2} \qquad (10)$$

wobei I_{xy} der errechnete Korrelationsindex, n die Anzahl der Werte der Veränderlichen, r die Anzahl der Koeffizienten der approximierenden Funktion sind. Die kritischen Werte des Testes t sind in den statistischen Tabellen angegeben (STUDENT-Verteilung mit $n - r$ Freiheitsgraden). Es wird gefordert, daß der errechnete Wert größer als der kritische Wert sein soll, wenn die Abhängigkeit beider Größen nachgewiesen werden soll.

Bei einer gründlicheren Analyse der Regressionsfunktion wird auch der Bedeutungsgehalt der einzelnen Regressionskoeffizienten getestet. Diese Problematik geht jedoch über den informativen Charakter dieser Arbeit hinaus und wird daher nicht weiter erläutert.

Als Beispiel für die Anwendung der nichtlinearen Korrelation wird weiter die Berechnung des Flächentrends der Lagerstättenparameter (Mächtigkeit der Lagerstätte, Körnung, Schlämmbarkeit des Kaolins) angeführt, wobei die Abhängigkeit der genannten Größen von den ebenen Koordinaten der Lagerstätte ermittelt wird, wodurch man die Gesetzmäßigkeit in der Verteilung der erwähnten Parameter in der Fläche der Lagerstätte bestimmen kann. Die errechneten Werte kann man dann zur Konstruktion der Isolinien verwenden. Das erwähnte Beispiel wurde auf dem Rechenautomaten MINSK 22 berechnet. Im gewählten Koordinatennetz wurden die Werte der Mächtigkeit, der Körnung und der Schlämmbarkeit bestimmt, die in Tab. 2 angegeben sind. Die Berechnung wurde schrittweise für die Polynome I. bis IV. Grades mit den folgenden Ergebnissen für die Mächtigkeit der Lagerstätte durchgeführt.

Aus den angegebenen Daten geht hervor, daß der höhere Grad des Polynoms den Verlauf des untersuchten Parameters auf der Lagerstätte besser umreißt. So wird z. B. der III. Grad, der diesen Verlauf bereits gut erfaßt, im gegebenen Falle für die Koordinaten y und x die folgende Regressionsfunktion der Mächtigkeit der Lagerstätte haben:

$$z = 1{,}274 + 3{,}755x - 3{,}792y - 1{,}219x^2 + 0{,}936xy$$
$$\times\, 1{,}521y^2 - 0{,}538x^3 + 1{,}412x^2y - 1{,}106xy^2 + 0{,}022y^3$$

wobei die Zahlenwerte aus rechnerischen Gründen gegenüber den Werten in der Tab. 3 100mal verkleinert sind.

Tabelle 3

Bohrung	Koordinaten		Mächtigkeit	Körnung	Schlämmbarkeit
	x	y			
11	160	53	2,6	0,60	20,0
12	240	130	2,5	0,38	18,2
13	298	214	4,6	0,52	23,2
14	456	323	2,4	0,32	20,2
21	170	227	3,7	0,42	17,4
22	253	299	5,2	0,58	11,8
23	322	363	8,7	0,42	13,7
24	359	402	7,6	0,47	13,0
25	402	410	5,8	0,45	14,2
26	446	436	6,1	0,45	14,8
31	70	227	2,2	0,65	15,0
32	94	273	1,6	0,31	16,9
33	152	268	6,1	0,38	16,8
34	226	350	5,9	0,54	14,8
35	295	420	6,3	0,44	13,3
36	376	468	7,5	0,52	13,3
37	460	519	5,8	0,44	16,4
41	36	294	3,0	0,60	25,0
42	110	340	3,8	0,44	19,4
43	277	470	3,3	0,45	24,0
44	350	520	2,2	0,47	16,0
61	208	484	4,7	0,48	18,7
62	234	395	5,0	0,53	19,3
63	270	264	3,6	0,54	13,7
71	240	318	8,7	0,48	15,9

Die übrigen Charakteristika bei dem dritten Grad des Polynoms und im Vergleich mit ihnen die Charakteristika beim ersten Grad (in Klammern) werden wie folgt angegeben:

R 0 – Streuung der ursprünglichen Werte	4,307	(4,307)
R 1 – Streuung der Restwerte	1,884	(3,562)
R 2 – maßgebliche Abweichung der ursprünglichen Werte	2,075	(2,075)
R 3 – maßgebliche Restabweichung	1,372	(1,887)
R 4 – Bestimmtheitsmaß	0,726	(0,242)
R 5 – Korrelationsindex	0,852	(0,492)
t – Wert des Testes	7,818	(2,708)

Ein Beispiel der vollständigen Berechnung für ein Polynom III. Grades für alle drei in Erwägung gezogenen Parameter wird in Tab. 1 gezeigt, wobei die Bezeichnungen R 0 ··· R 5 den obenangeführten Kennziffern und die Veränderlichen 0, 1, 2 der Mächtigkeit der Lagerstätte, der Körnung und der Schlämmbarkeit des Kaolins entsprechen. Die errechneten Werte wurden des weiteren ebenfalls mit Hilfe des Rechenautomaten graphisch dargestellt. Durch das Drucken verschiedener Zeichen werden die Isolinien der Lagerstätte angegeben. Das Diagramm ist in der Abbildung angegeben. In analoger Weise kann man auch die übrigen Lagerstättenparameter veranschaulichen.

Mehrfachkorrelation

In anderen Fällen wird es mehr darum gehen, festzustellen, wie sich gewisse Faktoren — die unabhängig veränderlichen Größen — an den Veränderungen der untersuchten Erscheinung, der abhängig veränderlichen Größe, beteiligen, und zwar nicht nur insgesamt, sondern auch im einzelnen. Den Gesamteinfluß gibt der Koeffizient der multiplen Bestimmtheit an, und die einzelnen relativen Einflüsse geben die Koeffizenten der partiellen Bestimmtheit an.

Bei der Berechnung der Koeffizienten der partiellen Bestimmtheit und der multiplen Bestimmtheit werden in bekannter Weise die Mittelwerte der einzelnen Veränderlichen, ihre maßgeblichen Abweichungen sowie für alle Kombinationen der Veränderlichen die Koeffizienten der einfachen Korrelation errechnet. Aus den Koeffizienten der einfachen Korrelation wird das System der linearen Gleichungen zusammengestellt:

$$\begin{aligned} r_{01} &= B_1 + B_2 r_{12} + B_3 r_{13} + \cdots\cdots + B_m r_{1,m} \\ r_{02} &= B_1 r_{21} + B_2 + B_3 r_{23} + \cdots\cdots + B_m r_{2,m} \\ &\ldots\ldots\ldots\ldots\ldots\ldots \qquad (11) \\ &\ldots\ldots\ldots\ldots\ldots\ldots \\ r_{0,m} &= B_1 r_{m,1} + B_2 r_{m,1} + B_3 r_{m,3} + \cdots\cdots B_m r_{m,m} \end{aligned}$$

wobei der Index 0 die abhängige Veränderliche bezeichnet und die Indizes 1, 2 ... m die unabhängige Veränderliche bezeichnen. Durch die Lösung des Gleichungssystems (11) erhält man die Koeffizienten B_i, auf deren Grundlage der Koeffizient der multiplen Bestimmtheit und der partiellen Bestimmtheit errechnet werden:

$$r_0^2; 1, 2 \ldots m = r_{01}B_1 + r_{02}B_2 + \cdots r_{0,m}B_m \qquad (12)$$

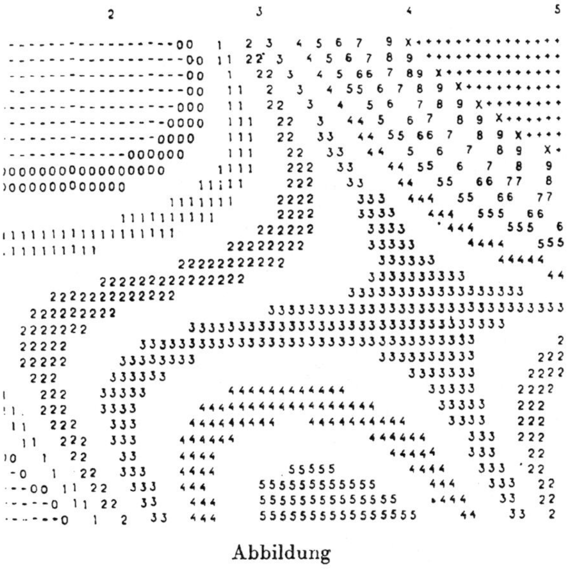

Abbildung

Tabelle 4

	Mittelwert	tatsächliche Abweichung
Gewinnungskosten, in Kčs/t	145,14	82,02
streichende Länge, in m	2579,00	1499,00
Mächtigkeit der Lagerstätte, in m	1,52	1,39
Einfallen	36,00	26,00
Tiefe, in m	383,00	292,00
Kapazität der Grube in kt/Jahr	45,00	43,00

Die Wurzel des Koeffizienten der multiplen Bestimmtheit ist der multiple Korrelationskoeffizient, der eine analoge Bedeutung wie der Koeffizient der einfachen Korrelation besitzt. Er gibt nämlich die Enge der Verknüpfung der abhängigen Veränderlichen mit mehreren unabhängigen Veränderlichen an. Die rechte Seite der Gleichung (12) stellen die Koeffizienten der partiellen Bestimmtheit dar, die angeben, wie groß der Anteil des Einflusses der einzelnen unabhängigen Veränderlichen auf die Veränderungen der abhängigen veränderlichen Größe ist. Auf der Grundlage der Koeffizienten B_j werden die Regressionskoeffizienten errechnet:

$$b_j = B_j s_0 / s_j \qquad (13)$$

wobei s_0 und s_j die maßgeblichen Abweichungen der einzelnen Veränderlichen sind. Das absolute Glied ist dann

$$a = m_0 - b_1 m_1 - b_2 m_2 - \cdots\cdots - b_m m_m \qquad (14)$$

wobei m_j die Mittelwerte der einzelnen Veränderlichen und b_j die Regressionskoeffizienten sind, die nach der Formel (13) errechnet wurden.

Ein Beispiel für die Anwendung der Mehrfachkorrelations- und Regressionsanalyse ist die Bestimmung der Abhängigkeit der Gewinnungskosten von den geologisch-bergbaulichen Parametern der Lagerstätten mineralischer Rohstoffe (Mächtigkeit der Lagerstätte, streichende Länge, Tiefenerstreckung, Einfallen, Kapazität der Grube). Die Berechnung wurde auf dem Rechenautomaten MINSK 22 auf der Grundlage von Angaben aus 24 Erzgruben durchgeführt, die in Tab. 4 aufgeführte Mittelwerte und maßgebliche Abweichungen aufwiesen.

Die Teilkoeffizienten der Determination und die Regressionskoeffizienten für die Funktion vom Typ sind $y = a + a_1x_1 + a_2/x_2 + a_3/x_3 + a_4x_4 + a_5/x_5$ (Tab. 5).

Der Koeffizient der multiplen Bestimmtheit ist im gegebenen Falle 0,503, der multiple Korrelationskoeffizient 0,709, das absolute Glied der Regressionsgleichung ist 92,3. Die vollständige Regressionsgleichung hat dann folgende Form:

$$y = 92{,}3 - 0{,}0045x_1 + 54{,}85/x_2 - 230{,}6/x_3 - 0{,}00557x_4 + 1690/x_5.$$

Tabelle 5

	Determinations-koeffizient	Regressions-koeffizient
x_1 – Länge	0,024	– 0,00452
x_2 – Mächtigkeit	0,231	54,850
x_3 – Einfallen	0,0067	–230,640
x_4 – Tiefe	– 0,00269	0,00557
x_5 – Kapazität der Grube	0,244	1690

Aus den errechneten Werten geht hervor, daß den größten Einfluß auf die Veränderung der Gewinnungskosten die Mächtigkeit der Lagerstätte (23,1%) und die Kapazität der Grube (24,4%) haben. Die Veränderungen der übrigen Lagerstättenparameter beeinflussen die Höhe der Selbstkosten nur in unbedeutendem Maße.

Die genannten Beispiele zeigen, daß die Korrelations- und Regressionsanalyse ein breites Anwendungsgebiet bei der Bearbeitung von Ergebnissen der geologischen Erkundung hat. Dabei muß das Problem nicht immer darin liegen, das Maß der Abhängigkeit zwischen mehreren Größen zu finden, sondern man kann auch bestimmte Größen in der Fläche oder im Raum veranschaulichen, wie das im Beispiel der Trendanalyse gezeigt wird.

Ein gewisses Hindernis bei der Anwendung dieser Methoden in der Praxis bildete in der Vergangenheit der Arbeitsaufwand bei den Berechnungen, der jedoch bei der Ausnutzung der modernen Rechentechnik unbedeutend ist, so daß dieses Hindernis wegfällt. Für alle genannten Beispiele der Methoden der Regressionsanalyse stehen heute Programme für den Rechenautomaten MINSK 22 zur Verfügung, so daß als hemmender Faktor gegenwärtig nur die geringe Kenntnis über diese Methoden in einem erweiterten Mitarbeiterkreis der geologischen Forschung ist.

Zusammenfassung

Die Arbeit befaßt sich mit der Anwendung nichtlinearer und mehrfacher Korrelations- und Regressionsanalysen auf die Lagerstättensuche. Das Verfahren für Modelle von Lagerstättenparametern mittels Polynomen des 1. – 4. Grades (flacher Trend) und ihre graphische Darstellung werden beschrieben. Eine Analyse der Abhängigkeit der Abbaukosten von den geologischen und Abbaubedingungen (Lagerstättenmächtigkeit, Teufe, Einfallen, Länge, Grubenkapazität) wird mittels der mehrfachen Korrelation durchgeführt. Der Artikel wurde unter Berücksichtigung der Anwendung der modernen Rechentechnik zur Lösung der erwähnten Probleme geschrieben, Rechenbeispiele auf einem MINSK-22-Rechner dienen der Ergänzung.

Резюме

В статье рассматривается вопрос применения нелинейного и многократного корреляционного и регрессивного анализа при разведке месторождений полезных ископаемых. Описана методика моделировки параметров месторождений при помощи полинома I–IV порядка и их графического изображения. Далее сделан при помощи многократной корреляции анализ зависимости затрат на добычу от горногеологических условий /мощность месторождения, глубина, падение, длина, промышленная производительность рудника/. Статья составлена с учетом использования современной техники исчисления при решении указанных проблем и дополнена примерами подсчета на счетчике МИНСК 22.

Summary

The article deals with the application of non-linear and multifold correlation and regressionanalyses to prospecting for mineral deposits. The method for models of depositai parameters by means of polynomials of the I.–IV. grade (flat trend) and their graphic representation is described. An analysis of the dependence of mining costs on geological-mining conditions (thickness of deposit, depth, dip, length, mine capacity) is carried out by means of multifold correlation. The article has been written with regard to the utilization of modern computation techniques in solving the above-mentioned problems; it is supplemented by examples of computations carried out on a computer of the MINSK 22 type.

Über die spieltheoretische Fassung der geologischen Suche und Erkundung

HORST BACHMANN & WOLFGANG HENKER, Freiberg (Sa.)

1. Problemstellung

In der geologischen Suche und Erkundung begegnen wir häufig Entscheidungssituationen folgender Art:

Dem geologischen Erkunder steht eine gewisse Menge von Aktionen, Handlungen oder Verhaltensweisen

$$A_1, A_2 \cdots A_n$$

zur Verfügung, deren Anzahl wir als endlich annehmen. Ihre Menge bildet den Aktionsraum des Erkunders $\mathfrak{A} = \{A_i\}$; $i = 1 \ldots n$. Solche Aktionen können auf den einzelnen Leitungsebenen z. B. folgenden Inhalt haben:

Führungsentscheidungen des Staatssekretariats für Geologie über die Proportionen von Lagerstättenprognose, Suche und Erkundung für eine Mineralgruppe oder über das Verhältnis von Grundlagen- und angewandter Forschung in der Geologie;

auf der Ebene der VVB Erdöl und Erdgas Entscheidungen über die Verteilung der personellen und materiellen Kapazitäten auf einzelne höffige Räume und Formationen;

im Bereich der Erkundungsbetriebe Entscheidungen über die Profildichte, die Aufstellungsweite der Meßkabinen, über die Bohransatzpunkte, die Bohrlochkonstruktion, das Spülungsregime, die Durchführung von Testarbeiten, über die Art der Havariebeseitigung, Zeitpunkt und Art der obertägigen Investitionen in einem Förderfeld usw.

Dem Erkunder steht eine gewisse, ebenfalls als endlich angenommene Menge von Zuständen des geologischen Unter-

Eingang des Manuskripts in der Redaktion: 29. 11. 1968.

Vortrag zur Arbeitstagung der Deutschen Gesellschaft für geologische Wissenschaften und des Zentralen Geologischen Instituts am 20. 11. 1968 in Berlin.

Mitteilung aus der Sektion Sozialistische Betriebswirtschaft der Bergakademie Freiberg.

suchungsraumes gegenüber,

$$Z_1, Z_2 \ldots Z_n$$

Die Menge der möglichen Zustände im Untersuchungsraum sei

$$\mathfrak{Z} = \{Z_j\}; \quad j = 1 \ldots n$$

Weiß der Erkunder, welcher der Zustände Z_j im Untersuchungsraum tatsächlich vorhanden ist, d. h., ist er im Besitz der vollständigen Information über den Untersuchungsraum, dann wird er jene Aktion zur Durchführung auswählen, die ihm entsprechend seines Auftrags und der ihm zur Verfügung stehenden Mittel angemessen erscheint und das bestmögliche Ergebnis sichert. Diesen Fall können wir als trivial ausscheiden.

Problematisch wird dagegen seine Entscheidung dann, wenn er in völliger Unkenntnis des tatsächlichen Zustands im Untersuchungsraum oder auch nur in mehr oder weniger vollständiger Kenntnis seine Entscheidung treffen muß. Das ist die typische Situation in der geologischen Suche und Erkundung.

Jedem Zusammentreffen einer Aktion A_i des Erkunders mit einem möglichen Zustand Z_j des Untersuchungsraumes ist ein Ergebnis E_{ij} zugeordnet. Die Menge der Ergebnisse $\mathfrak{E} = \{E_{ij}\}$ wird dann über das Produkt $\mathfrak{A} \cdot \mathfrak{Z} \rightarrow \mathfrak{E}$ abgebildet, das die Ergebnisfunktion E bestimmt. Eine Aktion des Erkunders ist optimal, wenn das Ergebnis unter allen möglichen Ergebnissen das größte Maß an Wirksamkeit aufweist.

Bei Beachtung einiger näher darzustellender Besonderheiten ist es nun möglich, die so definierte Entscheidungssituation als strategisches Modell im Sinne der Operationsforschung aufzufassen und spieltheoretisch zu behandeln. Die spieltheoretische Interpretation von Entscheidungssituationen ist aus der Literatur bekannt und wird im folgenden für die geologische Suche und Erkundung untersucht.

2. Die Terminologie der Spieltheorie mit Bezug auf die geologische Suche und Erkundung

Ein Spiel ist eindeutig bestimmt, wenn Angaben vorliegen über

1. die Spieler: $1, 2 \ldots n$;
2. die Menge der Strategien der Spieler: $S_1, S_2 \ldots S_n$;
3. die für jede Spielsituation sich ergebende Gewinnfunktion $H_1, H_2 \ldots H_n$ jedes einzelnen Spielers.

Der spieltheoretische Problemansatz kann dann formal wiedergegeben werden als

$$\Gamma = \{(1, 2 \ldots n), (S_1, S_2 \ldots S_n), (H_1, H_2 \ldots H_n)\}$$

Es soll hier zunächst die einfachste Spielsituation angenommen werden, ohne zu übersehen, daß in der geologischen Erkundung weit kompliziertere Spielstrukturen vorliegen lönnen.

Eine Spielsituation mit zwei Spielern, von denen jeder über endlich viele Strategien a_i und b_j verfügt, kann als Nullsummenspiel (der Gewinn des einen Spielers ist gleich dem Verlust des anderen) in einer Matrix dargestellt werden, wie sie Tab. 1 zeigt.

Tabelle 1

a_i \ b_j	b_1	b_2	$\cdots$	b_n
a_1	α_{11}	α_{12}	$\cdots$	α_{1n}
a_2	α_{21}	α_{22}	$\cdots$	α_{2n}
$\cdots$	$\cdots$	$\cdots$	$\cdots$	$\cdots$
a_m	α_{m1}	α_{m2}	$\cdots$	α_{mn}

Im Gegensatz zum klassischen Spielmodell der Konflikt- oder Konkurrenzsituation. wie es von V. NEUMANN und MORGENSTERN begründet und analysiert wurde, bezeichnen wir diese Entscheidungssituation in der geologischen Erkundung als „Spiel mit der Natur".

Neben dem Erkunder als Akteur tritt hier kein rational handelnder Gegenspieler auf; wir verweisen vielmehr die Natur in die Rolle des zweiten Spielers. Nun können wir nicht annehmen, daß es dieser „Gegenspieler" im Spielverlauf darauf abgesehen hat, uns maximal zu schaden und danach seine Strategien auswählt. Die Natur ist, wenn ein solcher Vergleich überhaupt Sinn hätte, völlig teilnahmslos und handelt in erhabener Gleichgültigkeit nach kausaldeterminierten Gesetzen. Die Strategien des Gegenspielers werden in unserem Falle zu „Zuständen" der Natur.

Dem Erkunder stehen endlich viele Strategien für seine Aktion zur Auswahl. Er kann nach seinem Ermessen während des Spiels von einer Strategie zur anderen wechseln. Für den Spieler Natur, in unserer Sprache also für das geologische Untersuchungsobjekt, ist ein Strategienwechsel nicht möglich. Die Zustände des Untersuchungsobjekts sind praktisch unveränderlich. Sie werden durch die geologische Entwicklung und geowissenschaftlichen Gesetzmäßigkeiten bestimmt. Für den Erkunder können diese Gesetzmäßigkeiten in drei Kategorien eingeteilt werden:

1. die dem Erkunder bekannten Gesetzmäßigkeiten, die für die Erkundung wesentlich sind und deshalb berücksichtigt werden müssen. Diese Gesetzmäßigkeiten bestimmen das System, in dessen Rahmen die durch das Spiel nachzuahmenden Zustände auftreten. Sie legen die Spielregeln fest, insbesondere erlauben sie die Aufzählung aller möglichen Zustände der Natur;

2. die Gesetzmäßigkeiten des Untersuchungsgebiets, die für die Erkundung wohl wesentlich, dem Erkunder aber unbekannt sind. Gerade diese Gesetzmäßigkeiten legen die Strategie der Natur fest, den geologischen Zustand, der erst im Verlaufe und im Ergebnis der Erkundung sichtbar und bekannt wird;

3. die Gesetzmäßigkeiten im Untersuchungsgebiet, die für die Erkundung unwesentlich sind und ihr Ergebnis nicht beeinflussen. Sie können im Spielmodell vernachlässigt werden.

Die Zahl der Strategien der Natur verringert sich in dem Maße, wie die Kenntnis des Erkunders über die geologischen Gesetzmäßigkeiten wächst. „Daher ist die Anwendbarkeit der Spieltheorie auf ein bestimmtes ‚mittleres Alter' einer Wissenschaft und einen ‚mittleren Erkenntnisstand' beschränkt" (WOROBJOFF 1963).

Die geologische Suche und Erkundung würden gegenstandslos, wenn unsere Kenntnis eines Untersuchungsgebiets bis in alle Details vollkommen wäre und sich damit die Strategien der Natur bis auf eine einzige, den tatsächlichen Zustand, reduziert hätten.

Welche Zustände des geologischen Untersuchungsobjekts als Strategien zu definieren sind, hängt außer vom Kenntnisstand des Erkunders vor allem von der geologisch-ökonomischen Aufgabenstellung im jeweiligen Erkundungsstadium ab.

Die Strategien können entweder nur qualitativ unterscheidbar sein, meist in Form diskreter Alternativen mit dichotemer Fragestellung (Existenz von tektonischen Störungen, Vorhandensein einer Struktur, Fündigkeit von Bohrungen usw.), oder sie beziehen sich auf quantitative Merkmale wie Vorratsmenge, Größe einer Strukturfläche, Permeabilität, Porenvolumen des Speichergesteins und Qualität der Lagerstättensubstanz.

Bei stetig veränderlichen quantitativen Merkmalen ist es schwierig, die zweckmäßige Anzahl von Strategien zu formulieren. Es kommt darauf an, entsprechend den geologischen Gesetzmäßigkeiten sinnvolle Kombinationen zu finden. Die Anzahl der Naturzustände wird durch ihre Unterscheidbarkeit fixiert.

Die Strategien des Erkunders können von einfachen technischen Entscheidungsalternativen wie Verrohren oder Nichtverrohren, Gestänge- oder Routinetest über komplexe Alternativen wie Bohren oder Nichtbohren bis zu vielfältig verflochtenen Varianten reichen, die sich aus der sinnvollen Kombination geowissenschaftlicher und technischer Aktivitäten ergeben, z. B. Umfang einzelner Erkundungsmethoden, Meßanordnung, Bohrlochteufe, zeitliche Reihenfolge usw. Schließlich können als Strategien ganze Erkundungskonzeptionen formuliert werden, die sich beispielsweise durch die

Verteilung der Erkundungskapazität auf einzelne Formationen oder territoriale Gebiete unterscheiden.

Die Besetzung der Matrixelemente eines Spiels mit der Natur setzt die Quantifizierung des Wirksamkeitsmaßes voraus. In erster Linie wird es sich um geologisch-ökonomische Zielgrößen handeln, wie:

Vorratsnachweis je Mark Erkundungsaufwand,
Fondseffektivität,
Zeitaufwand,
Wahrscheinlichkeiten für den Nachweis von Strukturen, für das Fündigwerden einer Bohrung und für das Auffinden von wirtschaftlich nutzbaren Lagerstätten.

In den letztgenannten Beispielen erscheinen als Wirksamkeitsmaß Wahrscheinlichkeiten, deren quantitative Angabe sowohl als statistische Wahrscheinlichkeit, häufiger jedoch in Form der induktiven Wahrscheinlichkeit erfolgen muß. Damit sind weitere Probleme verbunden, auf die an dieser Stelle nicht eingegangen werden kann.

Als weitere Schwierigkeiten bei der Auswahl der Wirksamkeitsmaße ergibt sich die Fragestellung, ob für eine Entscheidungssituation nur eine Zielgröße Bedeutung besitzt und sich somit die Situation durch eine einzige Spielmatrix modellieren läßt oder ob mehrere Zielgrößen zugleich bedeutungsvoll sind und dadurch für die gleiche Strategienmenge mehrere Spielmatrizen mit verschiedenen Zielgrößen aufgestellt werden müssen.

Die Beantwortung kann nur in Abhängigkeit von den konkreten Bedingungen der jeweiligen Entscheidungssituation erfolgen. Im Falle der Fixierung mehrerer Zielgrößen ergeben sich unterschiedliche „Optimallösungen", die man etwa mit dem zeitkritischen, kostenkritischen oder kapazitätskritischen Weg in der Netzwerktechnik vergleichen könnte.

Man erkennt deutlich den Vorteil dieser Verfahrensweise. Der Entscheidende erhält eine Vielzahl begründeter Entscheidungsvarianten, aus denen er, je nach der Relevanz der Zielgrößen, optimale Strategien ableiten muß.

Wenn sich schließlich die Zielgrößen nur qualitativ fassen lassen, beispielsweise bei außerökonomischen Faktoren, dann bleibt lediglich die Möglichkeit der Punktbewertung der einzelnen Ergebnisse. Sie sollte wegen ihrer subjektiven Elemente stets das Ergebnis kollektiver Einschätzungen sein.

Die bisherigen Ausführungen lassen bereits erkennen, daß sich aus den zahlreichen Kombinationsmöglichkeiten der Erkundungsaktivitäten recht umfangreiche Spielsituationen ergeben können. Bei häufigem Strategienwechsel im Verlaufe der Erkundung entstehen umfangreiche Modellkomplexe, die bei ihrer Lösung zunehmende Schwierigkeiten bieten. Deshalb sollte versucht werden, primär aufgestellte Spielmodelle in solche mit einer geringeren Anzahl von Strategien überzuführen. Die Spieltheorie bietet diese Möglichkeit im Falle der sogenannten Dominanz von Strategien.

Man sagt, daß in einem Spiel mit einer Matrix entsprechend Tab. 1 die i-te Strategie des Spielers 1 über dessen k-te Strategie dominiert, wenn

$$\alpha_{i1} \geqq \alpha_{k1};\ \alpha_{i2} \geqq \alpha_{k2} \ldots \alpha_{in} \geqq \alpha_{kn}$$

wenn also bei Spielen mit der Natur die Ergebnisse für eine bestimmte Erkundungsstrategie bei jedem Zustand der Natur eine größere Wirksamkeit aufweisen als bei einer anderen Erkundungsstrategie.

Eine Reduzierung der Strategien ist unter diesen Bedingungen der Dominanz für den Erkunder möglich, nicht für die Strategien der Natur. Zum Beispiel dominieren in einem Spiel mit der Natur mit der Matrix

$$\begin{pmatrix} 4 & 3 & 6 \\ 2 & 1 & 5 \\ 3 & 6 & 8 \end{pmatrix}$$

die erste und dritte Strategie des Erkunders über dessen zweite Strategie. Die majorisierte zweite Strategie des Erkunders kann gestrichen werden. Die Entscheidungssituation reduziert sich auf ein (2 × 3)-Spiel.

3. Die Lösungen von Spielen mit der Natur

Das Ziel der Lösung von Spielsituationen Erkunder—Natur besteht in der Auswahl optimaler Strategien nach ökonomisch relevanten Kriterien. Es kommen dafür drei Lösungen in Frage:

1. Max-max-Strategie; $\beta_1 = \max\limits_i \max\limits_j \alpha_{ij}$
2. Maximin-Strategie; $\beta_2 = \max\limits_i \min\limits_j \alpha_{ij}$
3. Mittelwert-Strategien; $\beta_3 = \max\limits_{z_i};$

$$z_i = \left\{\frac{c_1}{2} \max_i \alpha_i + \frac{c_2}{2} \min_j \alpha_i\right\}$$

Es muß betont werden, daß es sich in derartigen Spielsituationen immer um reine Strategien handelt. In der Literatur wird vielfach die Meinung vertreten, daß der zu erwartende Gewinn durch Anwendung gemischter Strategien erhöht werden kann. Unseres Erachtens fehlen hierfür jedoch die Voraussetzungen. In den gemischten Strategien sind die reinen Strategien mit Häufigkeiten behaftet. Der mittlere Gewinn des Spiels ist nur dann zu erwarten, wenn die entsprechende Häufigkeitsverteilung vorliegt. Sie muß nach einem Zufallsgesetz gebildet werden. Wir müssen jedoch in der geologischen Erkundung voraussetzen, daß das Zusammenspiel bestimmter reiner Strategien nicht nach einem Zufallsgesetz erfolgt. Im folgenden werden wir deshalb nur die Lösungen von Spielen mit reinen Strategien behandeln.

Die Max-max-Strategie wird auch als Risikostrategie bezeichnet. Durch ihre Anwendung würde der Erkunder den maximal möglichen Spielgewinn bei Verwendung aller Erkundungsstrategien und unter Annahme der günstigsten Naturverhältnisse realisieren. Es liegt auf der Hand, daß diese Risikostrategie selbst bei hoher Risikofreudigkeit des Erkunders unreal ist.

Die Maximin-Strategie sichert das Maximum der minimalen Gewinnmöglichkeiten des Erkunders bei Annahme der Verwendung der verschiedenen Erkundungsstrategien und des ungünstigsten Zustands der Natur. Diese pessimistische oder auch Sicherheitsstrategie ist ebenfalls anfechtbar, da sie davon ausgeht, daß die Natur „bewußt" mit der für den Erkunder ungünstigsten Variante antwortet.

Man kann aber auch einen Mittelweg beschreiten. Bei der Mittelwertstrategie sucht man jene Zeile mit der maximalen Summe der gewichteten Extremwerte aus. Es erscheint zweckmäßig, die Mittelwerte für verschiedene Wichtungen zu bestimmen. Denkbar ist eine Vielzahl von Wichtungsstrukturen, die lediglich die Bedingung $c_1 + c_2 = 1$ erfüllen müssen (Tab. 2).

Tabelle 2

C_1 (max)	C_2 (min)
1/2	1/2
2/3	1/3
1/3	2/3
3/4	1/4
1/4	3/4

Der Geologe wird an dieser Stelle berechtigt einwenden, daß die angeführten Wichtungsstrukturen zwar mathematisch richtig sind, aber nicht der Realität entsprechen. Das Problem besteht darin, daß nur die Extrema in die Rechnung eingehen. Es erscheint sinnvoller, alle Werte in die Rechnung einfließen zu lassen. Man bestimmt hierzu die Wahrscheinlichkeiten des Auftretens der einzelnen Naturzustände und berechnet die Erwartungswerte. Das gewogene Mittel liefert für jede Strategie einen Erwartungswert für das Ergebnis. Man erhält so eine Rangfolge der Strategien.

$$\frac{\Sigma\, p_i\, \alpha_{ij}}{\Sigma p_i} = E_i$$

Hierin ist

p_i — Wahrscheinlichkeitswerte für die einzelnen Naturzustände bei Anwendung der Strategien i,
α_{ij} — Wirksamkeitsmaße,
E_i — gewogenes Mittel der Erwartungswerte.

Es wäre denkbar, daß man für die Wahrscheinlichkeitswerte bzw. für die Wirksamkeitsmaße Schranken angibt. Daraus resultieren unterschiedliche Berechnungsvarianten (für jede Variante eine obere und eine untere Wahrscheinlichkeit). Damit ließe sich praktisch ein Test zur Stabilität der Strategienreihenfolge durchführen. Bei der Schätzung von Wahrscheinlichkeitswerten für das Eintreffen bestimmter Naturzustände für die einzelnen Strategien muß allerdings unterschieden werden, ob bedingte oder bedingungsfreie Wahrscheinlichkeiten vorliegen.

Nach dem bisher Gesagten wird deutlich, daß bei der Lösung von Spielsituationen Erkunder—Natur keine optimale Strategie schlechthin bestimmt werden kann. Man kann lediglich von Optimallösungen im Zusammenhang mit bestimmten Randbedingungen sprechen. So hängt eine optimale Lösung ab:

vom Erkenntnisstand des Erkunders,
von der Reproduktionskraft der Erkundungsorganisation,
von außerökonomischen Gesichtspunkten,
vom Risikoverhalten des Erkunders.

Das Risikoverhalten des Erkunders, das sich in der Auswahl entsprechender Strategien (max-max, maximin usw.) äußert, wird sich in Abhängigkeit von seinem Kenntnisstand ändern. Die Reproduktionskraft des betreffenden Systems wird ebenfalls wesentlich das Risikoverhalten und damit die Strategiewahl bestimmen. Gerade hier treten die potentiellen Vorzüge der sozialistischen Ordnung und ihrer gesamtgesellschaftlichen Bezogenheit in Entscheidungssituationen deutlich hervor.

Generell kann festgestellt werden, daß die Aussagekraft der Lösungen einer Spielsituation Erkunder—Natur von der Genauigkeit und ökonomischen Relevanz der Wirksamkeitsmaße und vom Risikoverhalten des Erkunders abhängt.

Es kommt deutlich zum Ausdruck, daß der Schwerpunkt weniger auf den mathematischen Lösungswegen als vielmehr auf der quantitativen Fassung der Matrixelemente und eines begründeten Risikoverhaltens liegt.

4. Lösungsbeispiel

An Hand eines stark vereinfachten Beispiels soll die Bestimmung der im vorhergehenden Abschnitt erwähnten Strategien erläutert werden. Wir gehen von folgender Spielmatrix aus (Tab. 3).

Als Wirksamkeitsmaß verwenden wir beispielsweise den Vorratsnachweis je Mark Erkundungsaufwand. Die eingesetzten Zahlen betrachten wir als Ersatzgrößen. Wir setzen vier unterscheidbare Naturzustände als möglich und vier Erkundungsstrategien als zulässig voraus. Auf ihre Konstruktion wurde bereits im Abschnitt 2. eingegangen.

Die Max-max-Strategie läßt einen Vorratszuwachs von 15 Einheiten je Mark Erkundungsaufwand erwarten (Strategie A_1). Für diese Risikostrategie wird sich der Erkunder nur dann entscheiden, wenn beispielsweise die Wahrscheinlichkeit des Zustandes Z_4 gegenüber Z_1, Z_2 und Z_3 sehr hoch ist.

Bei pessimistischer Verhaltensweise wählt der Erkunder die Maximinstrategie (Sicherheitsstrategie A_3 oder A_4). Die Berechnung erfolgt in der Form, daß zunächst die

Tabelle 3

	Zustände der Natur			
	Z_1	Z_2	Z_3	Z_4
Erkundungsstrategien A_1	7	1	5	15
A_2	2	6	10	5
A_3	4	3	7	8
A_4	5	12	6	3

Zeilenminima (1; 2; 3; 3 Vorratseinheiten je Mark Erkundungsaufwand) bestimmt werden und aus diesen der Maximalwert ausgesucht wird (3 Vorratseinheiten je Mark). Die Strategien A_3 und A_4 sind unter diesem Aspekt zunächst gleichwertig. Wir werden später zeigen, wie in derartigen Fällen eine endgültige Entscheidung getroffen werden kann.

In den meisten Fällen wird der Erkunder durch Benutzung von Mittelwertstrategien der Realität am besten gerecht. Es sollen hier zunächst nur die Extremwerte verwendet werden, um die Verfahrensweise bei der Lösung zu erläutern (Tab. 4).

Tabelle 4

C_1 (max.)	C_2 (min.)	Z_1	Z_2	Z_3	Z_4	A_i
$^1/_2$	$^1/_2$	4	3	$2\,^3/_4$	$3\,^3/_4$	A_1
$^2/_3$	$^1/_3$	$2\,^5/_6$	$2\,^1/_3$	$2\,^1/_3$	3	A_4
$^1/_3$	$^2/_3$	$5\,^1/_6$	$3\,^2/_3$	$3\,^1/_6$	$4\,^1/_2$	A_1
$^3/_4$	$^1/_4$	$2\,^1/_4$	2	$2\,^1/_8$	$2\,^5/_8$	A_4
$^1/_4$	$^3/_4$	$5\,^3/_4$	4	$3\,^3/_8$	$4\,^7/_8$	A_1

Wir suchen das jeweilige Zeilenmaximum und erhalten so das entsprechende A_i. Im vorliegenden Fall sind die Strategien A_2 und A_3 offenbar ungünstig. Die Strategie A_3 steht lediglich im Falle der Maximinstrategie alternativ mit A_4 zur Diskussion.

Es gilt zwischen A_1 und A_4 zu entscheiden. Betrachten wir die Häufigkeit der Position (einschließlich der Max-max- und Maximin-Lösung) und führen eine Punktbewertung für die Positionen durch, erhalten wir Tab. 5.

Tabelle 5

	Position				
	1.	2.	3.	4.	Punkte
A_1	4	2	–	1	23
A_4	3	4	–	–	24

1. Position ≙ 4 Punkte,
2. Position ≙ 3 Punkte,
3. Position ≙ 2 Punkte,
4. Position ≙ 1 Punkt.

Man könnte sich nunmehr aus folgenden Gründen endgültig für die Strategie A_4 entscheiden:

a) ein Punkt mehr als Strategie A_1 (wenig aussagekräftig),

b) größere Ausgeglichenheit der Matrixwerte.

Das absichtlich in dieser Form konstruierte Beispiel läßt deutlich erkennen, daß bei der Auswahl der optimalen Strategie keinesfalls nur das mathematische Ergebnis ausschlaggebend sein darf. Es kommt darauf an, alle Optimalitätskriterien zu erfassen und zur Entscheidungsfindung heranzuziehen. Risikoverhalten, Reproduktionskraft, außerökonomische Gesichtspunkte usw. sind wichtige Einflußgrößen für die endgültige Entscheidung.

5. Schlußfolgerungen und Ausblick

Kann die spieltheoretische Interpretation der geologischen Suche und Erkundung die ökonomische Geologie theoretisch und praktisch bereichern? Diese Frage soll wie folgt beantwortet werden:

1. Der Vorteil der spieltheoretischen Fassung typischer Entscheidungssituationen in der geologischen Suche und Erkundung besteht zunächst darin, daß die Struktur solcher Entscheidungsprobleme bloßgelegt und durchschaubar gemacht wird. Das ermöglicht die synoptische Übersicht und zielstrebige Diskussion der komplexen Sachverhalte in größeren Kollektiven.

2. Es wird deutlich, daß es keine optimale Entscheidung schlechthin gibt, sondern die Lösung in hohem Maße vom Risikoverhalten des Entscheidenden und von anderen öko-

nomischen und außerökonomischen Bedingungen des Systems abhängt.

3. Durch die spieltheoretische Fassung von Entscheidungssituationen können die Kommunikation aller am Entscheidungsprozeß Beteiligten verbessert und die Konsistenz von Entscheidungen erhöht werden. Gleichzeitig werden Entscheidungen in hohem Maße delegierbar, und die Divergenz von Entscheidung und Verantwortung kann eingeschränkt werden.

Diese potentiellen Vorzüge sollten die eingehendere Untersuchung der mathematischen Lösungswege und deren praktische Anwendung rechtfertigen, zumal die dafür erforderlichen sehr umfangreichen numerischen Berechnungen mit der maschinellen Rechentechnik rationell durchgeführt werden können.

Zusammenfassung

Es wird versucht, die geologische Suche und Erkundung als Spielsituation zu formulieren. Im Gegensatz zum klassischen Spielmodell der Konflikt- und Konkurrenzsituation von V. NEUMANN und MORGENSTERN faßt man derartige Situationen unter der Bezeichnung ,,Spiele der Natur" zusammen. Die Spielelemente — Strategien des Erkunders, Zustände der Natur, Wirksamkeitsmaß — sind Gegenstand der Betrachtung.

Als Hauptschwierigkeit kristallisiert sich die Quantifizierung des Wirksamkeitsmaßes heraus. In jedem Fall müssen geologisch-ökonomische Zielgrößen zur Anwendung kommen. Die Analyse der Lösungswege läßt erkennen, daß es keine Optimallösung schlechthin gibt. Von Optimalität kann nur bei Beachtung der für die jeweilige Entscheidungssituation relevanten Optimalitätskriterien gesprochen werden.

Abschließend wird die Spiellösung an einem stark simplifizierten Beispiel erläutert.

Резюме

Делается попытка сформулировать геологические поиски и разведку как положение игр. В противоположность к классической модели игры условий конфликтов и сравнений по НЕЙМАНУ и МОРГЕНШТЕРНУ такие ситуситуации объединяются под названием ,,игры в естественных условияхшш. Элементы игры — стратегии разведчика, состояние природы, коэффициент полезного действия — являются предметом рассмотрения.

Как наибольшая трудность выявляется количественная оценка коэффициента полезного действия. В каждом случае должны использоваться геолого-экономические цели игры. Анализ путей решений позволяет сделать вывод, что само по себе оптимальное решение отсутствует. Об оптимальности можно говорить только при учете важных для каждой соответствующей ситуации по принятию решения критериев оптимальности.

В заключение приводится решение игры с помощью сильно упрощенного примера.

Summary

An attempt is made to formulate geological prospecting and exploration as a situation of play. Contrary to the classical model of play of the situation of conflict and competition derived by V. NEUMANN and MORGENSTERN, such situations are summarized under the designation of ,,plays of nature". Subjects of consideration are the elements of play such as strategies of the explorer, states of nature, and measure of efficiency.

The main difficulty consists in quantifying the measure of efficiency. At any rate, geological-economic quantities of aim must be applied. From an analysis of the methods of solution results that there is not a plain optimum solution. This can only be spoken of if the criteria relevant for the situation of decision-making in question are considered.

Final remarks deal with the solution of a highly simplified example.

Literatur

BACHMANN, H.: Planung bei unvollkommener Information und mehrdeutigen Erwartungen (II). — Bergakademie, 8, S. 481—484 (1967).

DRESHER, M.: Theorie und Praxis strategischer Spiele. — Zürich 1960.

HENKER, W.: Spiele gegen einen nichtrationalen Gegner. — Unveröffentlichte Abschlußarbeit, Bergakademie Freiberg, 1967.

KULINKOVIC, A. E.: Über den Wert der geologisch-geophysikalischen Information. — Geof. Sbornik, Kyp. 3, 14, S. 133—143 (Kiew).

SCHULZE, D.: Das Entscheidungsproblem bei Spielen mit der Natur. — Wissensch. Zeitschrift der Humboldt-Univ., Sonderheft, S. 848—853 (1965).

VOROBJOFF, N. N.: Grundfragen der Spieltheorie und ihre praktische Bedeutung. — Berlin 1967.

\ ENTZEL, J. S.: Elemente der Spieltheorie. — Leipzig 1962.

Das statistische Modell der Schwarzschiefersenke (Ostkarpaten)

M. DUMITRIU & CRISTINA DUMITRIU, Bukarest

Um das statistische Modell der Außensenke der Karpatengeosynklinale für das Barrême—Unteralb aufzubauen, wurden 284 Daten von Sohlmarkenrichtungen, die im Eisenschieferton-Horizont der Schwarzschiefertone (Audia-Einheit) kartiert wurden, der linearen und quadratischen Trendoberfläche angepaßt. Nach der Berechnung der linearen und quadratischen Trendoberfläche wurden Schlußfolgerungen gezogen, die einige Elemente des konzeptionellen Modells des Baus und der Entwicklung der Außensenke während des Barrême—Unteralb betreffen.

Einführung

Um die objektive Realität besser zu erkennen, schließt der Geologe seine Beobachtungen in Synthesen oder Modelle ein, die das Wesen der untersuchten geologischen Erscheinungen widerspiegeln.

Eingang des Manuskripts in der Redaktion: 3. 10. 1968.

Übers.: Dr. HANNES THIERGÄRTNER.

[1]) Vortrag, gehalten auf dem 7. Internationalen Sedimentologenkongreß in Großbritannien, August 1967.

[2]) Aus: Rev. Roum. Géol., Géoph., Géogr., Sér. Géol., 12, 1, 99—107 (1968).

In neueren Arbeiten (C. DUMITRIU 1967, KRUMBEIN & SLOSS 1963, KRUMBEIN & GRAYBILL 1965, POTTER & PETTIJOHN 1963) sind die Haupttypen der in der Geologie verwendeten Modelle definiert worden: konzeptionelles Zustands- und Prozeßmodell, mathematisches (deterministisches und statistisches) Modell und Stufenmodell.

Das konzeptionelle Entwicklungs- und Zustandsmodell erklärt intuitiv oder unter Verwendung der anderen Modelle die Beziehung zwischen der resultierenden geologischen Erscheinung (Zustandselementen) und ihren Ursachen (Prozeßelementen). Es vermittelt dadurch eine idealisierte Vorstellung von einigen Abschnitten der realen Welt.

Die Modelle bleiben nicht unverändert; die Zunahme der Anzahl von Informationen über das Untersuchungsobjekt (tektonische Einheiten, lithofazielle Einheiten, Ablagerungsbecken usw.) sowie der Gebrauch neuer Organisationsformen für die Informationsgewinnung und -verarbeitung, die eine genauere Abtrennung des Allgemeinen vom Besonderen ermöglichen, erlauben die Annahme neuer Modelle (TEODOSIU & VISARION 1965).

In diesem Sinn bietet die Analyse von alten Ablagerungsbecken viele Beispiele der Entwicklung von Modellen. Die vagen paläogeographischen Interpretationen, die auf der petrographischen Analyse der Sandstein- und Konglomeratelemente beruhen, werden allmählich durch die genaue Bestimmung eines der Zustandselemente der Ablagerungsmodelle, der Systeme von Paläocurrents, ersetzt.

Eine Zunahme der Genauigkeit der Bestimmtheit der konzeptionellen Modelle für alte Ablagerungsbecken wurde durch die Anwendung der Statistik zur Untersuchung der Beobachtungsdaten erreicht.

Die statistischen Modelle werden durch die Möglichkeit der mathematischen Abtrennung des Wesentlichen von den Details und durch die exakte Festlegung des Grades an Vertrauen, das wir in diese Trennung haben können, gekennzeichnet.

Berechnung des statistischen Modells mit Hilfe der Flächentrendanalyse

Im Hinblick auf das Entwicklungs—Zustands-Modell der Senken der Karpatengeosynklinale auf mathematisch-statistischer Basis versuchten wir, zuerst das Zustandsmodell der Außensenke für das Barrême—Unteralb (Schwarzschieferton) zu entwerfen, wobei nach folgendem Plan verfahren wurde:

Kartierung der Transportrichtungen im Eisenschieferhorizont der Schwarzschiefertone der Audia-Einheit;

Ausarbeitung des statistischen Modells des Systems der Paläocurrents (Zustandselements), um die Variationsgesetze der Transportrichtungen im Barrême—Unteralb der Audia-Einheit festzulegen, und Abtrennung der lokalen Abweichungen vom allgemeinen Trend des Transportes;

Bestimmung des entsprechenden Entwicklungselementes (der Senkengeometrie) im Ablagerungsmodell auf der Grundlage des Zustandselements.

Da der erste Punkt dieses Planes Gegenstand früherer Studien (M. DUMITRIU & C. DUMITRIU 1965, 1966) ist, wird im vorliegenden Beitrag nur das statistische Modell der Orientierung der Barrême—Unteralb-Paläocurrents (Eisenschiefertonhorizont der Schwarzschiefertone) erarbeitet.

Verf. verwenden dazu die Flächentrendanalyse, die die Anpassung von Trendoberflächen verschiedenen Grades an die Richtungsdaten ermöglicht. Dabei findet das allgemeine lineare Modell Anwendung.

Die Ausweitung der Trendanalyse von der Geophysik zu den verschiedenen Bereichen der Geologie (Sedimentologie, lithofazielle Karten usw.) zeigen die Beiträge von W. C. KRUMBEIN. Die vorliegende Arbeit gründet sich auf die von ihm beschriebenen Modelle.

Die Abtrennung des allgemeinen Transporttrends von lokalen Abweichungen erfolgte bisher mittels des „gleitenden Durchschnitts" (POTTER 1955, POTTER & PETTIJOHN 1963). Die Trendanalyse wurde bisher nicht für Untersuchungen von Paläocurrents verwendet. Sie basiert auf dem Prinzip, nach dem jede beliebige Beobachtung in zwei Anteile zerlegbar ist: eine Komponente, die dem allgemeinen Trend der gemessenen Eigenschaften entspricht, und eine andere, die die lokalen Abweichungen widerspiegelt (KRUMBEIN & GRAYBILL 1965).

Um das statistische Modell des Systems der Paläocurrents zu formulieren, wurde folgende Trendformel verwandt:

$$T(U_i, V_j) = \tau(U_i, V_j) + e_{ij}$$

In ihr bedeuten:

$T(U_i, V_j)$ — die Sedimenttransportrichtung, die im Beobachtungs-(Kontroll-)punkt mit den geographischen Koordinaten U_i, V_j gemessen wurde;
$\tau(U_i, V_j)$ — der generelle Trend des Transportflusses;
e_{ij} — die lokale Abweichung am Kontrollpunkt.

Der Trend kann durch Anpassen der Oberflächen verschiedenen Grades (1, 2 und höher) an die Daten der Sohlmarkenrichtungen entsprechend folgender Gleichung berechnet werden:

$$\tau(U_i, V_j) = \alpha_{00} + \alpha_{10} U_i + \alpha_{01} V_j + \cdots + \alpha_{pq} U_i^p V_j^q$$

Darin werden die $\alpha_{00}, \alpha_{10}, \alpha_{01} \cdots \alpha_{pq}$ nach der Methode der kleinsten Quadrate bestimmt.

Verf. benutzten 284 nichtgegitterte Orientierungsdaten der Paläocurrents, die in Sandsteinen des Eisenschiefertonhorizonts der Schwarzschiefertone (Barrême—Unteralb) aus der Audia-Einheit kartiert worden waren; der Ursprung der Koordinaten U und V (die künstlich parallel zu Nord—Süd- und Ost—West-Linien gelegt wurden) ist ein Punkt, der sich etwa 10 km südlich von Rîşnov befindet.

Die Werte der Sedimenttransportrichtungen sind in Radiant (rad) gemessen worden.

Das statistische Modell des Systems der Paläocurrents, ausgedrückt durch die lineare Trendoberfläche, stellt sich dar als

$$X_{ij} = \alpha_{00} + \alpha_{10} U_i + \alpha_{01} V_j + e_{ij}$$

Darin sind:

X_{ij} — Werte der Sedimenttransportrichtung, die im Kontrollpunkt mit den geographischen Koordinaten U_i, V_j gemessen wurden;
$\alpha_{00}, \alpha_{10}, \alpha_{01}$ — unbekannte Koeffizienten;
e_{ij} — Zufallsanteil (die Abweichung vom „wahren", d. h. gemessenen Wert).

Zur Ermittlung der Koeffizienten $a_{00}, \alpha_{10}, \alpha_{01}$ verwendeten wir die Beziehung

$$S_1 \cdot \alpha = g_1$$

S_1 ist die Matrix

$$\begin{bmatrix} n & \sum U & \sum V \\ \sum U & \sum U^2 & \sum UV \\ \sum V & \sum UV & \sum V^2 \end{bmatrix}$$

und α und g_1 sind die Vektoren

$$\alpha = \begin{bmatrix} \alpha_{00} \\ \alpha_{10} \\ \alpha_{01} \end{bmatrix} \quad \text{bzw.} \quad g_1 = \begin{bmatrix} \sum X \\ \sum UX \\ \sum VX \end{bmatrix}$$

Die anhand von 284 Bodenmarkierungsdaten ausgeführten Berechnungen ergaben folgende Matrix und folgenden Vektor:

$$S_1 = \begin{bmatrix} 284 & 45683.88 & 9621.2924 \\ 45683.88 & 8816735.0 & 1174640.1 \\ 9621.2942 & 1174640.1 & 442731.18 \end{bmatrix}$$

$$g_1 = \begin{bmatrix} 694.031 \\ 128819.570 \\ 17795.138 \end{bmatrix}$$

Unter Ausnutzung der DOOLITTLE-Methode zur Inversion der Matrix S_1 wurde die lineare Gleichung gelöst und der Vektor α wie folgt bestimmt:

$$\alpha = \begin{bmatrix} 5.15582527 \\ -0.00391559913 \\ -0.0614620022 \end{bmatrix}$$

Die Gleichung der linearen Oberfläche, die den Paläocurrentsdaten für das Barrême—Unteralb der Audia-Einheit angepaßt ist, lautet:

$$X = 5.155825 - 0.003915\,U - 0.061462\,V$$

wobei

X — der berechnete Wert der Transportrichtung (in rad) und

V bzw. U — die geographischen Koordinaten der Beobachtungspunkte sind.

Das statistische Modell des Systems von Paläocurrents, in Form der quadratischen Trendoberfläche, ist

$$X_{ij} = \beta_{00} + \beta_{10} U_i + \beta_{01} V_j + \beta_{20} U_i^2 + \beta_{11} U_i V_j + \beta_{02} V_j^2 + e_{ij}$$

Es bedeuten:

X_{ij} — Beobachtungswert der Transportrichtung (in rad);

U_i, V_j — die geographischen Koordinaten der Kontrollpunkte;

$\beta_{00}, \beta_{10}, \beta_{01}, \beta_{20}, \beta_{11}, \beta_{02}$ — die unbekannten Koeffizienten;

e_{ij} — die Zufallsvariable.

Zur Bestimmung der quadratischen Oberfläche wurde folgende Gleichung benutzt:

$$S_2 \cdot \beta = g_2$$

mit

$$S_2 = \begin{bmatrix} n & \sum U & \sum V & \sum U^2 & \sum UV & \sum V^2 \\ \sum U & \sum U^2 & \sum UV & \sum U^3 & \sum U^2V & \sum UV^2 \\ \sum V & \sum UV & \sum V^2 & \sum U^2V & \sum UV^2 & \sum V^3 \\ \sum U^2 & \sum U^3 & \sum U^2V & \sum U^4 & \sum U^3V & \sum U^2V^2 \\ \sum UV & \sum U^2V & \sum UV^2 & \sum U^3V & \sum U^2V^2 & \sum UV^3 \\ \sum V^2 & \sum UV^2 & \sum V^3 & \sum U^2V^2 & \sum UV^3 & \sum V^4 \end{bmatrix}$$

$$\text{und } \beta = \begin{bmatrix} \beta_{00} \\ \beta_{10} \\ \beta_{01} \\ \beta_{20} \\ \beta_{11} \\ \beta_{02} \end{bmatrix} \quad \text{bzw. } g_2 = \begin{bmatrix} \sum X \\ \sum UX \\ \sum VX \\ \sum U^2X \\ \sum UVX \\ \sum V^2X \end{bmatrix}$$

Der besprochenen Verfahrensweise entsprechend, wurden die Matrix S_2 und der Vektor g_2 berechnet, um die quadratische Trendoberfläche den 284 Messungen der Strömungsrichtungen anzupassen, die im Eisenschiefertonhorizont der Schwarzschiefertone kartiert wurden:

$$S_2 = \begin{bmatrix} 284 & 45683.88 & 9621.2924 & 8816731 & 1174639.8 & 442731.14 \\ 45683.88 & 8816735 & 1174640.1 & 1834599000 & 184744500 & 46075720 \\ 9621.2924 & 1174640.1 & 442731.18 & 1847444000 & 46075710 & 22586590 \\ 8816731 & 1834599000 & 184744400 & 395837.10^6 & 333015.10^5 & 61332.10^5 \\ 1174639.8 & 184744500 & 46075710 & 333015.10^5 & 61332.10^5 & 2175352000 \\ 442731.14 & 46075720 & 22586590 & 61332.10^5 & 2175352000 & 1195679100 \end{bmatrix}$$

$$g_2 = \begin{bmatrix} 694.03072 \\ 128819.57 \\ 17795.138 \\ 26810240 \\ 2489700 \\ 729152.5 \end{bmatrix}$$

Der berechnete Vektor lautet:

$$\beta = \begin{bmatrix} +13.925041 \\ -0.039710 \\ -0.368775 \\ +0.000012 \\ +0.000727 \\ +0.002560 \end{bmatrix}$$

Damit wird die folgende Gleichung der quadratischen Trendoberfläche, die den Paläocurrent-Orientierungsdaten für das Barrême—Unteralb der Audia-Einheit angepaßt ist, erhalten:

$$X = 13.925041 - 0.039710\,U - 0.368775\,V + 0.000012\,U^2 + 0.000727\,UV + 0.002560\,V^2$$

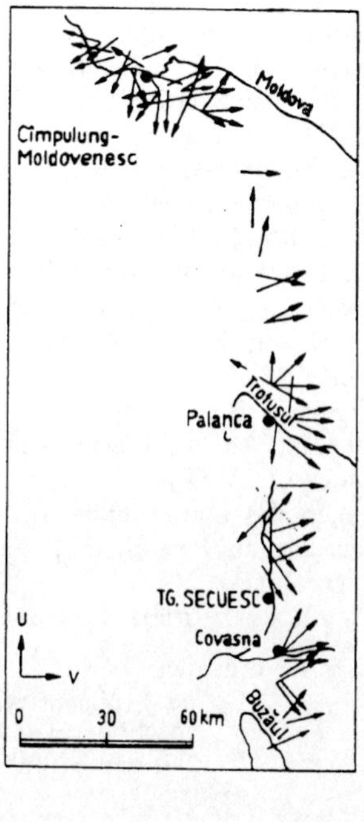

Abb. 1. Einige Transportrichtungen der Sedimente aus dem Barrême—Unteralb in der Audia-Einheit (Eisenschiefertonhorizont der Schwarzschiefer)

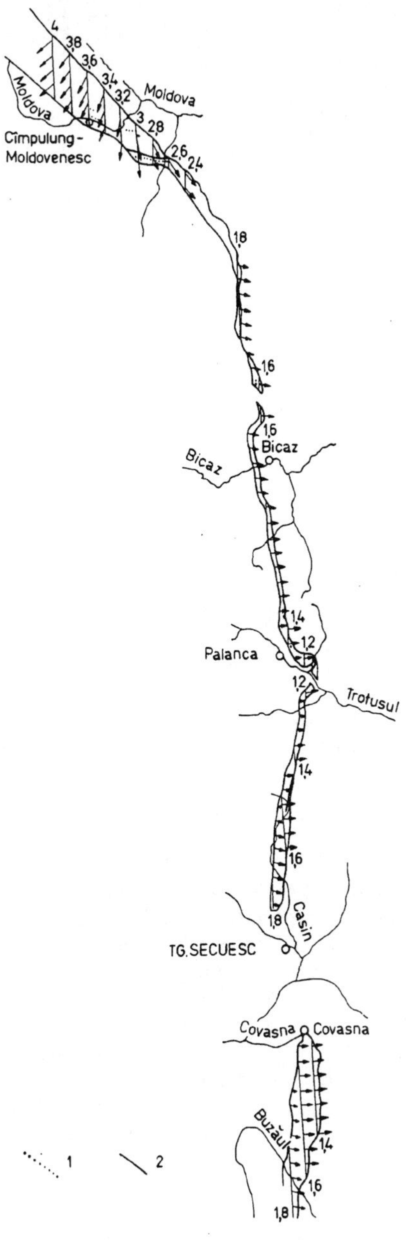

Abb. 2. Lineare Trendoberfläche von Transportrichtungen der Barrême—Unteralb-Sedimente und einige Abweichungen von dieser Oberfläche

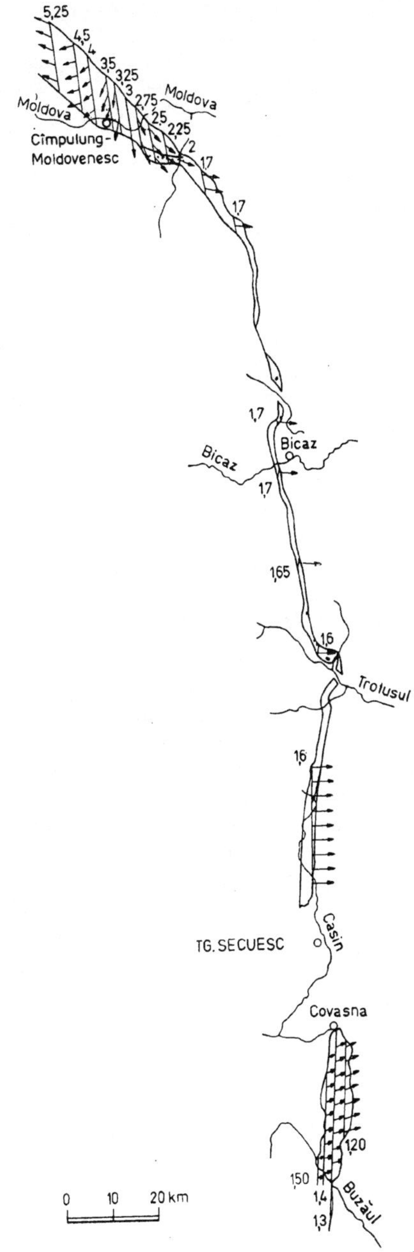

Abb. 3. Quadratische Trendoberfläche und einige Abweichungen von dieser Oberfläche

1 — Restwerte kleiner als —1,5 rad, 2 — Restwerte größer als +1,5 rad

X ist jeweils der berechnete Wert der Sedimenttransportrichtung im Kontrollpunkt mit den Koordinaten U und V.

Um die Güte der linearen Trendoberfläche bezüglich der Gesamtvariabilität auf dem Kartengebiet zu beurteilen, wurde eine Varianzanalyse ausgeführt (Tab.).

Wir bemerken, daß die lineare Oberfläche nur 44,54% der Gesamtquadratsumme $\left(\frac{284.096096}{637.787146} \cdot 100\right)$ der kartierten Daten erklärt. Die Berechnung für die quadratische Oberfläche zeigt, daß diese eine weniger große Güte als die lineare Oberfläche hat. Die Summe der Abweichungsquadrate beträgt im letzten Falle 357.842549.

Deshalb kann festgestellt werden, daß weder die lineare noch die quadratische Oberfläche real ist. Die Reste (Restwerte) können wesentliche Anteile von Trendoberflächen ziemlich hohen Grades enthalten.

Im vorliegenden Falle, in dem die sedimentologischen Messungen an Ablagerungen ausgeführt wurden, die stark von der Orogenese betroffen wurden (die Schwarzschiefertone), enthalten die Paläocurrent-Orientierungen manchmal lokale Abweichungen der Schichtrichtung vom allgemeinen strukturellen Trend.

Tabelle

Ursache der Varianz	Summe der Quadrate	Freiheitsgrade	Mittleres Quadrat
linearer Trend	284.096096	2	142.048084
Abweichung vom linearen Trend	353.691050	281	1.25868
gesamt	637.787146	283	2.25360

Die die statistische Güte der Trendoberflächen betreffenden Betrachtungen bleiben näherungsweise, bis neue Methoden, die eine Abtrennung der tatsächlichen Werte der Richtungen der Paläocurrents von der lokalen, tektonisch bedingten Abweichung erlauben, ausgearbeitet sein werden.

Verf. sind der Ansicht, daß die allgemeine Transportrichtung der Barrême—Unteralb-Paläocurrents der Audia-Einheit, wie sie sich aus der linearen und der quadratischen Trendoberfläche ableitet, realer ist als die durch eine beliebige andere Methode errechnete.

Geologische Bedeutung des statistischen Modells

Das Anpassen der linearen und quadratischen Trendoberfläche an die Paläocurrents-Richtungsdaten des Barrême—Unteralb der Audia-Einheit, die unter der Schwarzschiefertonfazies (Eisenschiefertonhorizont) entwickelt ist, führt zu einer Zerlegung der primär beobachteten Daten (Abb. 1) in jene des allgemeinen Trends des Transports und jene, die die lokalen Abweichungen von der allgemeinen Strömungsrichtung zum Ausdruck bringen (Abb. 2 und 3).

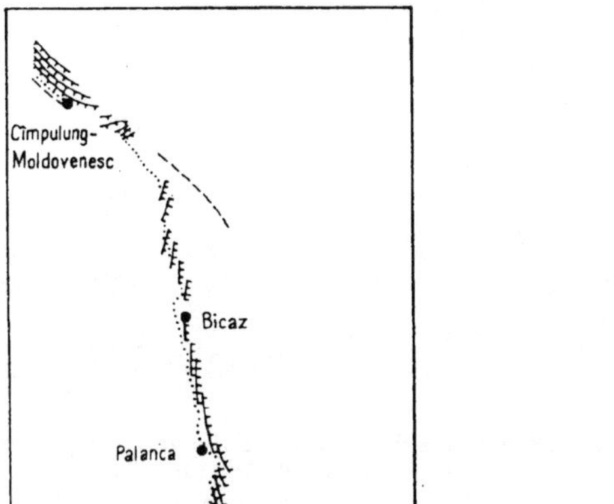

Abb. 4. Alte Ablagerungshänge der Sedimente aus dem Barrême—Unteralb in der Audia-Einheit (konform der linearen Trendoberfläche)

1 — Fallrichtungen der Paläohänge, 2 — Achse der Außensenke (der nördlichen Zone der Karpaten)

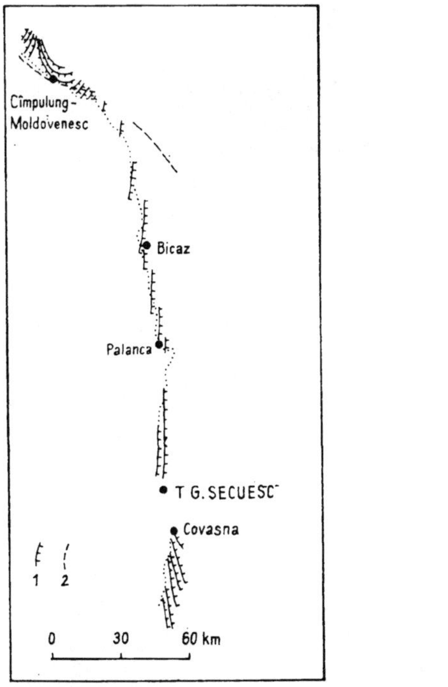

Abb. 5. Alte Ablagerungshänge der Sedimente aus dem Barrême—Unteralb in der Audia-Einheit (konform der qudratischen Trendoberfläche)

1 — Fallrichtungen der Paläohänge, 2 — Achse der Außensenke (der nördlichen Zone der Karpaten)

Die Abtrennung der Karte mit den Restwerten, deren absoluter Betrag größer als 1,5 rad ist und die vom geologischen Standpunkt aus Richtungen darstellen, die zum allgemeinen Trend der Transportrichtung entgegengesetzt verlaufen, ermöglichte die Konstruktion der Achse der Barrême—Unteralb-Senke.

Die Abtrennung des Wesentlichen von Details im Paläostromsystem wie auch die mathematische Berechnung des generellen Trends des Sedimenttransports und der Achse der Senke führen zur Bestimmung des Entwicklungsmodells (der Geometrie der Senke).

Durch Anpassen der Normalen an die analytisch abgeleiteten Haupttransportrichtungen gelangten Verf. zur graphischen Widerspiegelung des gegenwärtigen Trends (nach der Orogenese) der Paläoabhänge des Ablagerungsgebietes (Abb. 4 und 5).

Es kann festgestellt werden (Abb. 2 und 3), daß die Richtungen der Paläohänge der Außensenke (nach der Deformation der Geosynklinale) im großen und ganzen zur alpinen tektonischen Richtung der Karpaten parallel verlaufen. Die Neigungsrichtungen der Paläohänge sind nicht konstant. In der Krümmungszone fallen sie zur Plattform hin ein, und in der nördlichen Zone der Karpaten (Cîmpulung-Moldovenesc) fallen sie zu den inneren Teilen hin ein.

Die Achse der Senke ist hinsichtlich der tektonischen Einheiten der Ostkarpaten schief gerichtet: Von den inneren Teilen der Median-Marginal-Einheit geht sie in die Audia-Einheit; sie kreuzt letztere (südlich von Cîmpulung-Moldovenesc) und dringt dann unter die Zentralkarpateneinheit ein.

Die schiefe Richtung der Achse der Außensenke bezüglich der alpinen Strukturrichtung wurde von uns in früheren Arbeiten erwähnt (M. DUMITRIU & C. DUMITRIU 1966).

Die Diskrepanz zwischen der alpinen Richtung der Isogonen der Trendoberflächen und der herzynen Richtung der Achse der Saumtiefe während des Barrême—Unteralb führte uns zu der Annahme, daß die Sedimentation, obwohl ihre Morphologie von der Reaktivierung struktureller Linien präalpiner Orogenesen bestimmt wurde, unter dem Einfluß der alpinen Orogenese stattfand.

Aus der Prüfung der linearen und quadratischen Trendoberfläche (Abb. 2 und 3) folgt, daß die Paläocurrents eine transversale Orientierung in Zonen hatten, die nahe den Sedimentherkunftsgebieten gelegen waren, und daß sie in den zentralen Teilen des Troges in eine schiefe Richtung hin umschwenkten. Die Achse der Außensenke fiel in der Krümmungszone der Karpaten während des Barrême-Unteralb nach Norden ein.

Die Isogonen umreißen die fächerförmige Orientierung der Paläocurrents, die bei einem externen Herkunftsgebiet in der Cîmpulung—Moldovenesc-Zone begannen.

Die Abb. 4 und 5 zeigen das Ende der Senke irgendwo südlich von Covasna.

Die Schiefe der Barrême—Unteralb-Außensenke bezüglich der alpinen Strukturrichtung, die durch das statistische Modell des Systems der Paläocurrents erkannt wurde, hat eine besondere theoretische und praktische Bedeutung.

Die allmähliche Überlagerung der Zentralkarpateneinheit auf die innere Flanke der Schwarzschiefersenke nach Norden hin stellt ein wichtiges Argument zugunsten der Deckenlage des Moldauischen Kristallinmassivs dar.

Da die Schwarzschiefertone als Erdölmuttergesteine betrachtet werden, ist es möglich, daß die Aussichten auf Erdölanreicherung in der inneren Zone der Karpaten nach Norden hin allmählich ansteigen, und zwar als ein Ergebnis der Annäherung der Achse der Außensenke an die Zentralkarpateneinheit.

Danksagung: Verf. möchten Prof. V. IANOVICI für die Hilfe, die er ihnen bei der Durchführung der statistischen Studien auf dem Gebiet der Sedimentologie gewährte, ihren Dank aussprechen.

Verf. sind auch Dr. V. TOMA verpflichtet, durch dessen Freundlichkeit wir die Möglichkeit hatten, unsere Daten im Institut für Atomphysik in Bukarest zu berechnen.

Des weiteren danken Verf. P. MACARIE für die rechnerische Bearbeitung auf dem CET-500.

Literatur

BĂNCILĂ, I.: Geologia Carpaţilor Orientali. – Ed. Stiinţifică, Bukarest 1958.

DUMITRIU, C.: Posibilitatea aplicării noţiunii de „model" în sedimentologie. – Progresele Ştiinţei, 3, 3 (1967).

DUMITRIU, M., & C. DUMITRIU: Observaţii sedimentologice privind zona flişului cretacic-paleogen dintre văile Covasna şi Buzău. – St. Cerc. Geol., Geof., Geogr., seria Geologie, 10, 1 (1965).

– Date sedimentologice privind flişul cretacic intern din văile Moldovei, Trotuşului şi Teliului. – St. Cerc. Geol., Geof., Geogr., seria Geologie, 11, 1 (1966).

FILIPESCU, M. G.: Contribuţii a orizontarea Cretacicului din flişul Carpaţilor Orientali. – Rev. Univ. „C. I. PARHON", 6–7 (1955).

IANOVICI, V., A. DIMITRIU & C. IONESCU: Studiul geologic şi geochimic al zăcămintelor de mangan Dadu şi Coşna (Carpaţii Orientali). – St. Cerc. Geol., Geof., Geogr., seria Geologie, 11, 1 (1966).

KRUMBEIN, W. C., & F. A. GRAYBILL: An introduction to statistical models in geology. – McGraw-Hill Book Co. (1965).

KRUMBEIN, W. C., & L. L. SLOSS: Stratigraphy and Sedimentation. – Sec. ed. W. H. Freeman and Co., San Francisco and London 1963.

MILLER, R. L., & J. ST. KAHN: Statistical Analysis in the Geological Sciences. – John Wiley & Sons, New York–London 1962.

POTTER, P. E.: The Petrology and Origin of the Lafayette Gravel. Part. I: – Mineralogy and Petrology. – J. Geol., 63, 1–38 (1955).

POTTER, P. E., & F. J. PETTIJOHN: Palaeocurrents and basin analysis. – Springer Verlag, Berlin–Göttingen–Heidelberg 1963.

TEODOSIU, C., & V. VISARION: Modelarea în mecanica mediilor deformabile; Materialismul Dialectic şi Ştiinţele Naturii. – 10. ed. Politică, Bukarest 1965.

Statistische Bewertung des Mineralreichtums der ČSSR

PETR KVĚTOŇ, Prag

Die Ansichten über die Größe des „Mineralreichtums" der ČSSR sind sehr unterschiedlich. Sowohl in Fachkreisen als auch in der breiten Öffentlichkeit findet man eine bunte Skala unterschiedlicher Ansichten. Sie reicht von Überlegungen über die völlige Armut des Staatsgebietes an mineralischen Rohstoffen bis zu optimistischen Einschätzungen über weitere Möglichkeiten der Entwicklung. Dabei herrschen in einzelnen Perioden verschiedene Ansichten vor, und da diese größtenteils auf subjektiven Schätzungen beruhen, kann ihre Übertragung in die Praxis schwerwiegende Fehler hervorrufen. Es soll deshalb versucht werden, eine mehr oder weniger objektive Antwort auf diese Frage zu finden.

Den Mineralreichtum eines Staates kann man entweder durch einen Vergleich mit anderen Staaten der übrigen Welt beurteilen oder danach, wie er die Bedürfnisse der Gesellschaft befriedigt. Beide Gesichtspunkte haben ihre Berechtigung, aber ihre Ergebnisse können einander diametral entgegenstehen. Im wesentlichen kommt in ihnen einer der grundlegenden ökonomischen Widersprüche zum Ausdruck — der Widerspruch zwischen den Bedürfnissen der Gesellschaft und den Möglichkeiten ihrer Befriedigung.

Der Mineralreichtum eines Staates ist durch die bekannten Vorräte an mineralischen Rohstoffen gegeben. In der üblichen Darstellung jedoch wird häufig völlig unrichtig dieser Begriff mit dem Ausnutzungsgrad des Mineralreichtums verwechselt, d. h. mit der Gewinnung mineralischer Rohstoffe. Man muß also vom Mineralreichtum und von der Basis der mineralischen Rohstoffe sprechen, wobei der zweite Terminus den tatsächlich genutzten Mineralreichtum einschließt. Der Mineralreichtum ist durch die bekannten Rohstoffvorräte gegeben. Der Begriff „bekannte Rohstoffvorräte" besitzt deshalb Bedeutung, weil man die potentiellen Möglichkeiten allein nicht als Mineralreichtum bezeichnen kann.

Die mineralischen Rohstoffe sind in Abhängigkeit von ihrer Art in der Erdrinde mehr oder weniger ungleichmäßig, aber immer gesetzmäßig verteilt.[1] Dabei ändert sich der Inhalt des Terminus „mineralischer Rohstoff" mit dem Wirken des Zeitgesetzes, und zwar einmal unter dem Einfluß des sogenannten negativen historischen Trends der Ausnutzung mineralischer Rohstoffe, zum anderen unter dem Einfluß des Fortschritts von Wissenschaft und Technik mit der Tendenz, die negative Wirkung des sich verschlechternden historischen Trends zu überwinden.

Die Menge der bekannten Vorräte an mineralischen Rohstoffen ist somit auf der einen Seite vom Kriterium der eigenen Materie abhängig, d. h. von dem, was man als mineralischen Rohstoff betrachtet; auf der anderen Seite ist sie von der Entwicklung der geologischen Wissenschaften und der

---

Aus: „Geologický průzkum", Nr. 6 (1967), S. 185–188.
Übers.: W. GRÖSSL, Berlin.

[1]) Die Konzentration von Elementen in Lagerstätten mineralischer Rohstoffe ist das Ergebnis physikalisch-chemischer Prozesse in der Erdrinde, und deshalb ist die Verteilung dieser Lagerstätten an das gesetzmäßige Wirken physikalischer und chemischer Kräfte in Zeit und Raum gebunden.

Technik abhängig, d. h. von dem Maß, wie man die Gesetzmäßigkeit der Verteilung mineralischer Rohstoffe in der Erdrinde erkennen kann.

Bei der Einschätzung der potentiellen Möglichkeiten von Vorräten mineralischer Rohstoffe kommt gesetzmäßig der Faktor großer Zahlen zur Geltung. In diesem Falle bedeutet dies, daß man es mit einer um so größeren Wahrscheinlichkeit der Auffindung von Lagerstätten mineralischer Rohstoffe zu tun hat, je größer das durchforschte Gebiet der Erdoberfläche ist. Mit anderen Worten: je größer das Staatsgebiet, desto größer die Wahrscheinlichkeit, daß der Mineralreichtum komplexer und umfassender im Sinn relativer Zahlen wird, d. h., desto größere Mengen der Vorräte je Flächeneinheit in km^2 zu erwarten sind.

Auf der anderen Seite führt die mehr oder weniger ausgeprägte Gesetzmäßigkeit der Verteilung mineralischer Rohstoffe in Abhängigkeit vom geologischen Alter und vom geologischen Bau dazu, daß die einzelnen Gebiete in Komplexität und Größe des Mineralreichtums sehr unterschiedlich sind.

Daten über die Weltvorräte an mineralischen Rohstoffen werden in der statistischen Literatur nicht laufend veröffentlicht, so daß kein komplettes Vergleichsmaterial zur Verfügung steht. Nach den Weltstatistiken ist jedoch bekannt, daß der Anteil der vier mineralischen Grundrohstoffe: Erdöl, Kohle, Eisenerz und Kupfererz, wertmäßig mehr als drei Viertel der Weltförderung von mineralischen Rohstoffen (Tab. 1) ausmachen.

Tab. 1. Anteile der Hauptrohstoffe an der Weltförderung (als Vergleichsbasis Preise in Dollar auf dem amerikanischen Markt)

Rohstoff	1950 %	1962 %
Erdöl	35,0	41,2
Kohle[1])	28,8	21,4
Eisenerz	6,6	7,0
Kupfererz	8,1	7,5
insgesamt	78,5	77,1
sonstige	21,5	22,9

Erläuterung: [1]) Stein- und Braunkohle

Wir haben eine Weltstatistik der Vorräte dieser Hauptrohstoffe anhand der uns zugänglichen Quellen zusammengestellt, während die Angaben über die übrigen Rohstoffe auf Schätzungen beruhen. Die Ergebnisse sind in Tabellen zusammengefaßt. Es zeigt sich, daß man bei den Hauptrohstoffen den Rohstoffreichtum der ČSSR in fünf Klassen unterteilen kann: weit über dem Durchschnitt, über dem Durchschnitt, Durchschnitt, unter dem Durchschnitt und weit unter dem Durchschnitt. Vom Gesichtspunkt der Vorräte je km^2 des Staatsgebietes erhalten wir dann folgende Ergebnisse: bei Erdöl unter dem Weltdurchschnitt und unter dem europäischen Durchschnitt; bei Kohle überdurchschnittlich; bei Kupfererz durchschnittlich, zwar weniger als der europäische Durchschnitt, aber über dem Weltdurchschnitt; bei Eisenerz unterdurchschnittlich, das bedeutet: unter dem europäischen Durchschnitt und unter dem Weltdurchschnitt.

Wenn man die vier Rohstoffe als Vorratsmenge je Einwohner untersucht, dann sind die Ungleichmäßigkeiten in der Verteilung der Vorräte weit größer, weil außer den geologischen Faktoren begreiflicherweise auch die demographischen wirken. Im Hinblick auf die hohe Bevölkerungsdichte der ČSSR sind die Ergebnisse dieser Untersuchung um eine ganze Größenordnung ungünstiger.

Bezüglich der übrigen Rohstoffe ist nach unserer Schätzung die Situation wie folgt:

Die Gesamtbewertung des Rohstoffreichtums der ČSSR ergibt im Vergleich mit den obigen Daten im wesentlichen einen niedrigeren Durchschnitt als im Weltmaßstab hinsichtlich der relativen Bewertung in bezug auf die Flächeneinheit; sie erweist sich als unterdurchschnittlich bei der Berechnung der Vorräte pro Kopf der Einwohner.

Tab. 2. Statistischer Vergleich des Vorratsumfanges je km^2 und je Einwohner

Rohstoffart	ČSSR		Europäischer Durchschnitt[1])		Weltdurchschnitt[2])	
	Vorr. je 1 km^2 (t)	Vorr. pro Kopf (t)	Vorr. je 1 km^2 (t)	Vorr. pro Kopf (t)	Vorr. je 1 km^2 (t)	Vorr. pro Kopf (t)
Erdöl[3])	23	0,2	95	1,07	342	14,7
Kohle	125000	1100	70100	790	53600	2200
Kupfererz[3])	3,15	0,023	7,65	0,088	2,26	0,102
Eisenerz	780	7	2210	25	1042	43

Erläuterungen: [1]) europäischer Durchschnitt ohne UdSSR; [2]) Weltdurchschnitt bei Kupfererzen ohne UdSSR; [3]) für die ČSSR grobe Schätzung

Die ČSSR gehört somit zu den Staaten, die weder sehr arm noch sehr reich an Mineralrohstoffen sind. Sie stellt ein Beispiel eines fortgeschrittenen Industriestaates mit einem durchschnittlichen, dabei aber unkomplexen Reichtum an Lagerstättenvorräten mineralischer Rohstoffe dar.

Die Frage, wie der Mineralreichtum der ČSSR die Bedürfnisse der Gesellschaft befriedigt, kann nicht direkt untersucht werden, da die Kriterien vorläufig noch nicht genügend ausgearbeitet sind, nach denen wir den Vorratsbedarf an mineralischen Rohstoffen einschätzen können. Statt dessen müssen wir das durch Beurteilung der Basis der mineralischen Rohstoffe tun, d. h., wir müssen vergleichen, inwieweit die Rohstoffgewinnung die Bedürfnisse der Gesellschaft befriedigt. Damit steht jedoch auch die Frage, wie der oben charakterisierte Mineralreichtum der ČSSR ausgenutzt wird.

Hierfür stehen einige ausführliche Zahlen der erwähnten vier wichtigsten mineralischen Rohstoffe zur Verfügung; ferner liegt eine Gesamtübersicht der bergmännischen Gewinnung mineralischer Rohstoffe in der ČSSR im Vergleich mit den Weltangaben vor.

Das Hauptkriterium für den Vergleich der Nutzungsintensität ist die Gewinnung je km^2 Staatsgebiet des ge-

Tab. 3. Schätzung des Gesamtmineralreichtums der ČSSR für sonstige Rohstoffe

Rohstoffart	Prozent des geg. Rohst., bez. auf d. Weltrohstoffquellen 1964	Charakteristik der Vorräte in der ČSSR je km^2 Staatsgebiet
Erdgas	3,4	unterdurchschnittlich
Gold und Silber	3,3	unterdurchschnittlich
Uranerze	3,0	überdurchschnittlich
Zink- und Bleierze	3,4	durchschnittlich
sonstige Buntmetalle	2,6	unterdurchschnittlich bis durchschnittlich
sonstige Schwarzmetalle	1,6	unterdurchschnittlich
Diamanten und seltene Metalle	1,4	sehr unterschiedlich, keine bis überdurchschnittlich
Aluminium und Leichtmetalle	0,6	unterdurchschnittlich
chemische Rohstoffe	2,8	unterdurchschnittlich bis durchschnittlich
keramische Rohstoffe, Glasrohstoffe und sonstige Rohstoffe	1,6	überdurchschnittlich
	23,7	
Baurohstoffe[1])	10,0	decken voll die Bedürfnisse der Volkswirtschaft

Erläuterung: [1]) Der Anteil der Baurohstoffe ist in der Weltübersicht nicht enthalten. Er beträgt im wertmäßigen Ausdruck etwa + 10%, wobei er wie folgt unterteilt wird: Rohstoffe für die Mörtelproduktion (Bindemittelproduktion) 3,3%, Steine 3,1%, Sande und Schotter 2,5%, sonstige Rohstoffe 1,1%.

Tab. 4. Nutzungsintensität der Vorräte ausgewählter Rohstoffe (Rohstoffvorräte beim heutigen Förderstand reichen für x Jahre)

Rohstoff	Weltdurchschnitt	Durchschnitt eur. kap. Staaten	Durchschnitt eur. soz. Staaten	UdSSR	Durchschnitt d. 5 größten Prod. d. Welt	ČSSR
Erdöl	33	14	11	18	28¹)	15⁷)
Kohle	2855	901	347	6866	3274²)	204
Cu-Erze	58	59	261	–⁴)	53³)	66⁷)
Fe-Erze	450⁶)	210	120	450	226⁵)	140

Erläuterungen: ¹) USA, UdSSR, Venezuela, Kuweit und Saudi-Arabien 68,7% der Weltförderung und 60,5% der Weltvorräte; ²) China, UdSSR, USA, England, Westdeutschland, insgesamt 72,2% der Weltförderung und 82,5% der Weltvorräte; ³) Sambia, USA, Kongo, Chile und Kanada, insgesamt 77,5% der Weltförderung und 72,5% der Weltvorräte (beide Daten ohne UdSSR); ⁴) Daten über die UdSSR stehen uns nicht zur Verfügung; ⁵) UdSSR, USA, Brasilien, Indien und Schweden 63% der Weltförderung und 74% der Weltvorräte; ⁶) ohne China; ⁷) für die ČSSR grobe Schätzung

gebenen Rohstoffs. Als Hilfskriterien dienen die Angaben, für wie lange Zeit die betreffenden Vorräte bei der gegebenen Gewinnung reichen. Dieser Vorgang wird in der Fachliteratur als Gewinnungsetat bezeichnet. Bei den vier ausgewählten Rohstoffen sehen wir, daß bis auf Kupfer — als einzige Ausnahme — die Rohstoffbasis bei uns weit intensiver als im Weltdurchschnitt genutzt wird. Gegenüber den übrigen Gruppen von Staaten erweist sich die Ausnutzung der Kohlenvorräte in der ČSSR als die intensivste. Bei der Ausnutzung der Erdöl- und Kupfervorräte stehen wir über dem Durchschnitt der kapitalistischen Staaten Europas, bei Erdöl auch über dem Durchschnitt der sozialistischen Staaten.

Noch interessantere Daten bietet uns Tab. 5, in der ein Vergleich der Gewinnung je km^2 durchgeführt wird, ausgedrückt in Weltpreisen in Dollar. Wenn man die extremen Fälle der drei „Großmächte" in der Erdölförderung, Kuweit, Venezuela und Irak, ferner einige weitere arabische Gebiete und Luxemburg ausschließt, dann gehören zu den ersten, die ihren Mineralreichtum am intensivsten nutzen, die industriell fortgeschrittensten europäischen Staaten in folgender Reihenfolge:

Tab. 5. Nutzungsintensität des Mineralreichtums, bezogen auf die Fläche der Staaten

Produzent	Dollar/1 km²
DDR	5632
Westdeutschland	5572
England	5160
Belgien	3835
ČSSR	2543
Polen	2307
Frankreich	2003

Es ist ersichtlich, daß hinsichtlich der Nutzungsintensität des Mineralreichtums, bezogen auf die Größe des Staatsgebiets, die ČSSR zu den ersten zehn Staaten auf der Welt und zu den ersten fünf bei Weglassung der Erdölproduzenten gehört.

Wenn man das Kriterium der Förderungsgröße je Einwohner anwendet, ändert sich die Situation etwas. Auf den ersten Plätzen stehen dann im Weltvergleich die Erdölländer oder Länder mit überwiegender Gewinnungsindustrie, wie Kuweit, Venezuela, Saudi-Arabien, Irak, Iran, Sambia usw. Bei den industriell fortgechrittenen Staaten führen die Länder mit großen Gebieten, und damit mit dem größten absoluten Reichtum an Mineralrohstoffen, gefolgt von den übrigen europäischen Ländern.

Die ČSSR gehört danach zu den ersten zehn industriell entwickelten Staaten auch hinsichtlich des Wertes der Förderung, bezogen auf 1 Einwohner (wenn man die Entwicklungsländer mit großer Erdöl- oder Mineralförderung ausschließt).

Auf der anderen Seite weisen die Zahlen darüber, wie die tschechoslowakische Volkswirtschaft ihren Bedarf an mineralischen Rohstoffen aus eigenem Aufkommen deckt, ein anderes Ergebnis auf. Im wesentlichen deckt die ČSSR ihren Gesamtbedarf an mineralischen Rohstoffen nur etwa zur Hälfte, wobei sie etwa zwei Fünftel der mineralischen Rohstoffe und der daraus produzierten Erzeugnisse wieder exportiert.

Zum Vergleich sei hier noch eine Gesamtbilanz des Import- und Exportwertes für Brennstoffe, mineralische Rohstoffe und Metalle angeführt, die im wesentlichen die Bilanz der mineralischen Rohstoffe im Außenhandel der ČSSR zum Ausdruck bringt.

Abschließend kann man somit feststellen, daß die ČSSR, gemessen an ihrem Mineralreichtum, zu den durchschnittlich reichen Staaten gehört, aber, obwohl sie in der Ausnutzung ihres Rohstoffreichtums auf einem der ersten Plätze in der Welt steht, befriedigt sie bei weitem nicht die Bedürfnisse ihrer Volkswirtschaft und ist damit zwangsweise vom Import mineralischer Rohstoffe abhängig. Dabei ist die Bilanz dieser Importe und Exporte passiv und verschlechtert sich ständig.

Tab. 6. Vergleich der Nutzungsintensität des Mineralreichtums, bezogen auf Einwohner

Produzent	Dollar je 1 Einwohner
Kanada	138,9
USA	76,9
Australien	63,3
UdSSR	46,9
DDR	35,0
Schweden	32,7
Westdeutschland	25,7
Polen	24,2
England	23,9
ČSSR	23,7
Frankreich	23,6

Es erhebt sich die Frage, ob diese Situation verändert werden kann. Das Gebiet der ČSSR ist im wesentlichen durchforscht. Geologischerseits besteht keine begründete Hoffnung auf eine grundsätzliche Änderung der Situation hinsichtlich der Vorräte an mineralischen Rohstoffen. Selbstverständlich schließt das nicht weitere Arbeiten zum Aufschluß neuer Vorräte aus, allerdings ohne wesentliche Größenveränderungen. Wie bekannt, bildet die Frage der Erdölerkundung eine Ausnahme durch die Erkundung der sogenannten Vortiefe, bei der sich größenmäßig die Zahlen über die Bitumenvorräte (Erdöl und Erdgas) verändern könnten. Aus den internationalen Vergleichen geht auch hervor, daß die extreme Armut an Erdöllagerstätten nicht in die geologische Gesamtbewertung der ČSSR fällt. Somit besteht auch bei einem rein statistischen Vergleich eine einzige Eventualität der Veränderung. Trotzdem aber begrenzen die potentiellen Möglichkeiten den Einfluß des Auffindens neuer Erdöllagerstätten auf einige Mill. Tonnen pro Jahr als Maximum.

Bezüglich einer weiteren Intensivierung der Gewinnung mineralischer Rohstoffe zeigen die angeführten Daten, daß sich die ČSSR in der Nutzungsintensität ihrer Rohstoffbasis auf einem der ersten Plätze in der Welt befindet. Jede weitere plötzliche diesbezügliche Steigerung muß in geometri-

Tab. 7. Übersicht des Imports und Exports von Brennstoffen, mineralischen Rohstoffen und Metallen in der ČSSR

	1965	Durchschnitt in den Jahren 1961–1965	Durchschn. in d. Jahren 1956–1960	1955
Import (Mill. Kčs)	5297	4671	2820	1835
Export (Mill. Kčs)	3937	2411	2501	2422
Bilanz	–1360	–2260	–319	+587

scher Reihe zunehmende verschlechternde Einflüsse mit sich bringen. Die ČSSR ist an der Weltförderung mineralischer Rohstoffe mit 0,6% beteiligt, obwohl ihre Einwohnerzahl nur 0,4% und ihr Gebiet weniger als 0,1% des bewohnten Festlandes beträgt.

Die vergangenen 15 Jahre der intensiven geologischen Forschung und Erkundung auf dem Gebiet der ČSSR gaben Antwort auf die Frage über den tatsächlichen Rohstoffreichtum der ČSSR.

Beim gegenwärtigen Stand von Wissenschaft und Technik in der Gewinnung und Verarbeitung mineralischer Rohstoffe kann die Rohstoffbasis der ČSSR — bis auf die genannte Ausnahme der Erdöllagerstätten — als bekannt bezeichnet werden.

Die Berechnung optimaler Bohrnetze für die Suche nach Lagern mit einer gegebenen Abmessung

A. M. SCHURYGIN, UdSSR

Eine große Bedeutung für die Erhöhung der ökonomischen Effektivität von Sucharbeiten hat die Auswahl eines Bohrnetzes, das einen maximalen Erfolg der Suche gewährleistet. In Fällen, in denen vor der Durchführung der Sucharbeiten keine Angaben über die strukturelle Zugehörigkeit des Lagers vorliegen, d. h., wenn dieses Lager in jedem beliebigen Teil des interessierenden Territoriums vorhanden sein kann, wird die Aufgabe einer effektiven Suche mit den Methoden der Wahrscheinlichkeitstheorie gelöst werden können. Wenn die Bohrungen auf eine gleiche Teufe niedergebracht werden, so läßt sich die Wahrscheinlichkeit für das Antreffen eines Lagers auf die Bestimmung der Wahrscheinlichkeit dafür zurückführen, daß mit einem Bohrnetz, dessen Form der Form des Lagers entspricht, ein zufällig angeordneter Erzkörper angetroffen wird.

Der erste Schritt zur Lösung dieser Aufgabe wurde von SAWINSKIJ[1]) getan. Er erarbeitete Tabellen für die Wahrscheinlichkeit des Antreffens einer zufällig gelagerten Ellipse, die mit jeweils gleicher Wahrscheinlichkeit jede beliebige Richtung in der Ebene einnehmen kann, durch ein rechteckiges Netz. Diese Wahrscheinlichkeiten sind von den Größen der Ellipse und des rechteckigen Netzes abhängig. SAWINSKIJ löst jedoch nicht die Aufgabe der Auswahl eines optimalen Netzes, weil hier nicht die Wahrscheinlichkeit des Antreffens eines Lagers in Abhängigkeit von der Form des Netzes interessiert, sondern jene Form, bei der diese Wahrscheinlichkeit ein Maximum aufweist. Außerdem ist im allgemeinen — wie in vorliegendem Artikel gezeigt wird — ein rechteckiges Netz nicht als das beste anzusehen.

Die Aufgabe soll im folgenden präzisiert werden. Auf einem Gebiet von der Größe S km² sind n Bohrungen so anzuordnen, daß die Wahrscheinlichkeit des Antreffens eines zufällig angeordneten Lagers mit mindestens einer Bohrung ein Maximum wird.

Eine andere Variante dieser Aufgabe ist folgende: Auf eine Fläche S ist ein solches Netz zu legen, daß bei einer minimalen Anzahl von Bohrungen das Lager mit einer vorgegebenen Wahrscheinlichkeit P angetroffen wird.

Nach ihrer Struktur läßt sich die Mehrzahl der Gebiete einem der folgenden beiden Typen zuordnen:

1. Die Struktur des Gebiets ist im Grundriß isomorph: Alle Richtungen sind gleichberechtigt, die geologischen Grenzen haben keine bestimmte Erstreckung, und die geologischen Körper, darunter auch die Lager der nutzbaren Bodenschätze, besitzen im Grundriß eine isometrische Form. In diesem Fall kann man als Modell des Lagers einen Kreis ansehen und das beste Netz für das Antreffen eines solchen ermitteln.

2. Die Struktur des Gebiets ist im Grundriß linear: Die geologischen Grenzen haben eine bestimmte Erstreckung, die interessierenden Lager liegen ebenfalls in dieser Richtung, und zwar derart, daß die Länge des Lagers um l-mal größer ist als ihre Breite. In diesem Fall kann als Modell des Lagers eine Ellipse mit einem Achsenverhältnis gleich 1 angesehen und das beste Netz für das Antreffen einer Ellipse ermittelt werden.

Im folgenden werden diese beiden Aufgaben betrachtet.

Das optimale Netz für das Antreffen eines Kreises

Ist die Struktur im Grundriß isomorph, so können Netze in Betracht gezogen werden, in denen die Bohrungen auf den Eckpunkten regelmäßiger Vielecke liegen.

Der Radius des gesuchten Kreises sei R; die Dichte der Bohrungen auf die Flächeneinheit möge $\frac{n}{S}$ betragen. Somit entfällt auf eine Bohrung eine Fläche von $\frac{S}{n}$. Die Größen von R und $\frac{S}{n}$ sind von der bei der Untersuchung verwendeten Meßeinheit abhängig. Um diese genannte Abhängigkeit auszuschalten, wird die Fläche zusammen mit dem gesuchten Kreis um $\sqrt{\frac{n}{S}}$-mal gleichmäßig nach allen Richtungen hin erweitert; dadurch vergrößert sich die Fläche auf das $\frac{n}{S}$fache und wird gleich n. Dadurch entfällt jetzt eine Bohrung auf eine Flächeneinheit, und der Radius des neuen gesuchten Kreises ergibt sich als dimensionslose Größe zu

$$r = R \sqrt{\frac{n}{S}} \tag{1}$$

Jetzt läßt sich die Aufgabe als das Antreffen eines Kreises mit dem Radius r durch ein Netz, bei dem eine Bohrung auf die Flächeneinheit entfällt, ansehen, wodurch die notwendigen Berechnungen stark vereinfacht werden.

Ein Kreis mit dem Radius r wird durch eine Bohrung angetroffen, wenn sein Mittelpunkt in einer Entfernung

---

Aus: „Raswedka i ochrana nedr", 1967, Nr. 2, S. 16–20.
Übers.: Dr. BINTIG, Berlin.

[1]) I. D. SAWINSKIJ: Tabellen der Wahrscheinlichkeit des Antreffens von elliptischen Objekten durch ein rechteckiges Beobachtungsnetz. – Verlag „Nedra", 1964.

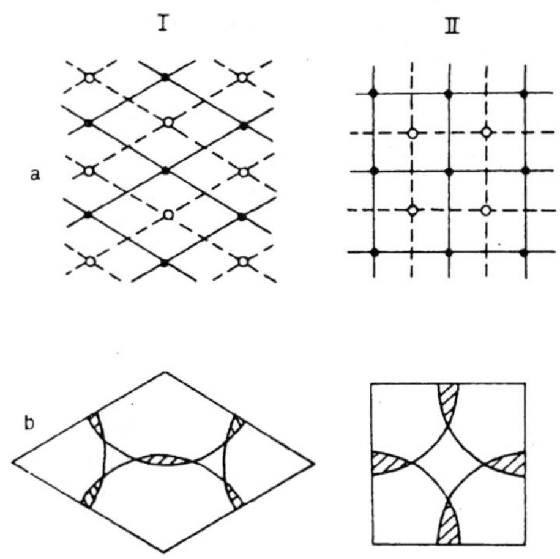

Abb. 1

von der Bohrung liegt, die kleiner ist als r. Schlägt man um jede Bohrung einen Kreis mit dem Radius r, so ist die Wahrscheinlichkeit $P(r)$ des Antreffens eines zufällig angeordneten Kreises gleich dem Verhältnis der Fläche der Kreise zur Gesamtfläche. Wenn die Bohrdichte gleich eins ist, so überschneiden sich die Kreisumfänge noch nicht, und es wird

$$P(r) = \pi r^2$$

Vergrößert man r, so tritt eine paarweise Überschneidung der Kreisumfänge auf. Von der Kreisfläche muß die Hälfte jener Fläche subtrahiert werden, auf der sich benachbarte Kreise überlagern. Die Bohrungen müssen so angeordnet sein, daß bei Vergrößerung von r diese Überschneidung möglichst spät auftritt, weil dann die Wahrscheinlichkeit des Antreffens ein Maximum wird. Die dichteste Anordnung von Kreisen in einer Ebene, die sich nicht überschneiden, ergibt sich dann, wenn die Kreismittelpunkte auf den Eckpunkten von gleichseitigen Dreiecken liegen. Aus diesem Grund ist ein dreieckiges Anordnungssystem von Bohrungen für das Antreffen eines Kreises am besten geeignet. Insbesondere ist es besser als ein quadratisches Netz. Das soll an Hand von Berechnungen gezeigt werden.

Auf einer Fläche sei ein schachbrettartiges Netz von Bohrungen angeordnet. Die Abstände zwischen ihnen auf den Profilen betragen a, und die Abstände zwischen den Profilen seien gleich b, wobei diese Größen so festgelegt sind, daß die Bohrungen auf den Eckpunkten von gleichseitigen Dreiecken liegen (Abb. 1, Ia).

Jetzt werden die einheitlich orientierten Rhomben betrachtet, die bei der paarweisen Vereinigung der Dreiecke entstehen. Wird das Netz in Richtung der kurzen Rhombendiagonale um die Hälfte seiner Länge verschoben, so fällt jede Bohrung in den Mittelpunkt eines alten Rhombus (Abb. 1, Ia). Auf eine Bohrung entfällt folglich eine Rhombenfläche von $ab = 1$; daraus ergibt sich:

$$a = \frac{\sqrt{2}}{\sqrt[4]{3}} \approx 1{,}075 \quad \text{und} \quad b = \frac{\sqrt[4]{3}}{\sqrt{2}} \approx 0{,}93$$

Um wieder von den dimensionslosen Größen zu den ursprünglichen Meßeinheiten zu kommen, müssen die ersteren durch $\sqrt{\frac{n}{S}}$ geteilt werden. Somit ergeben sich für die Abstände zwischen den Bohrungen auf den Profilen A und zwischen den Profilen B folgende Werte:

$$A = 1{,}075 \sqrt{\frac{S}{n}}$$

$$B = 0{,}93 \sqrt{\frac{S}{n}} \qquad (2)$$

Da alle Rhomben gleich sind, soll die Wahrscheinlichkeit des Antreffens eines Kreises durch eine Bohrung betrachtet werden, wenn der Kreismittelpunkt in einen der Rhomben fällt. Solange sich die Umfänge der Kreise um die Eckpunkte des Rhombus nicht überschneiden, d. h., solange $r \leq \frac{a}{2}$ ist, wird die Wahrscheinlichkeit des Antreffens

$$P_1(r) = \pi r^2$$

bei

$$r \leq \frac{a}{2} = \frac{1}{\sqrt{2}\,\sqrt[4]{3}} = 0{,}538 \qquad (3)$$

Bei einer weiteren Vergrößerung des Radius bis zu $r = \frac{\sqrt{2}\cdot\sqrt[4]{3}}{3} \approx 0{,}62$ (wenn die Kreise den Rhombus vollständig bedecken), wird die Wahrscheinlichkeit des Antreffens gleich $\pi r^2 - \frac{1}{2} S_{\ddot{U}}$, wobei $S_{\ddot{U}}$ die Überschneidungsfläche der Kreise ist (in Abb. 1, Ib, schraffiert dargestellt). Die Fläche S kann mit Methoden der elementaren Geometrie ermittelt werden. In diesem Fall ergibt sich die Wahrscheinlichkeit zu

$$P_1(r) = \pi r^2 - 6 r^2 \arccos \frac{1}{\sqrt{2}\,\sqrt[4]{3}} + \sqrt{3}\,\sqrt{2\sqrt{3}\,r^2 - 1}$$

bei

$$\frac{1}{\sqrt{2}\,\sqrt[4]{3}} < r < \frac{\sqrt{2}\,\sqrt[4]{3}}{3} \qquad (4)$$

Die Wahrscheinlichkeiten $P_1(r)$ für das Antreffen eines Kreises mit dem Radius r durch ein dreieckiges

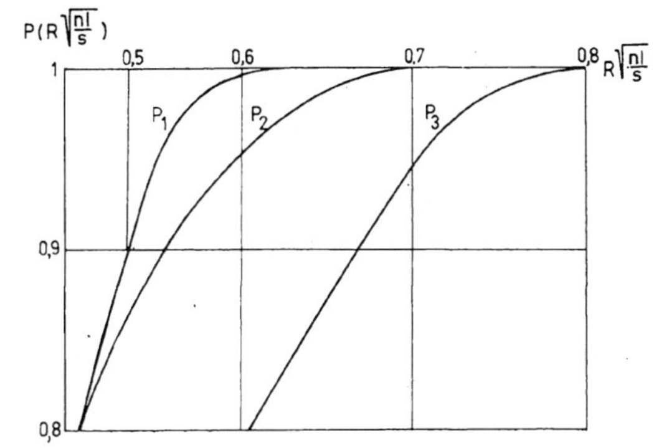

Abb. 2

Netz, berechnet mit den Formeln (3) und (4), sind in Abb. 2 (linke Kurve) graphisch dargestellt.

Jetzt soll ein quadratisches Bohrnetz untersucht werden. Wenn dieses Netz in Richtung der Diagonalen des Quadrates um die Hälfte der Diagonalenlänge verschoben wird, so liegt jede Bohrung im Zentrum eines alten Quadrats (Abb. 1, IIa). Damit die Netzdichte gleich eins wird, müssen die Quadratfläche und der Abstand zwischen den Bohrungen ebenfalls gleich eins sein.

Wenn sich die Umfänge der Kreise um die Bohrungen nicht überschneiden, wird die Wahrscheinlichkeit für das Antreffen eines Kreises durch Bohrungen in einem quadratischen Netz gleich

$$P_2(r) = \pi r^2$$

bei

$$r \leq \frac{1}{2} \tag{5}$$

Bei $r > \frac{1}{2}$ muß die Hälfte der Fläche der Kreisüberdeckungen (in Abb. 1, IIb, schraffiert dargestellt) von der Größe πr^2 subtrahiert werden. Nach der Durchführung einiger einfacher Berechnungen erhält man:

$$P_2(r) = \pi r^2 - 4r^2 \arccos \frac{1}{2r} + \sqrt{4r^2 - 1}$$

bei

$$\frac{1}{2} < r < \frac{\sqrt{2}}{2} \tag{6}$$

Bei $r = \sqrt{\frac{2}{2}} \approx 0{,}71$ bedecken die Kreise vollständig das Quadrat. Die Wahrscheinlichkeiten $P_2(r)$, berechnet mit den Formeln (5) und (6), sind graphisch in Abb. 2 (mittlere Kurve) dargestellt.

Folglich sind die Wahrscheinlichkeiten $P_2(r)$ für das Antreffen eines Kreises mit dem Radius $r \leq 0{,}5$ durch ein Quadratnetz und $P_1(r)$ durch ein dreieckiges Netz einander gleich. Bei $0{,}5 < r < 0{,}71$ verläuft die Kurve von $P_2(r)$ unterhalb der für $P_1(r)$. Das bedeutet, daß in diesem Intervall ein quadratisches Netz schlechter ist als ein dreieckiges. Außerdem trifft man mit einer Wahrscheinlichkeit von eins mit Hilfe eines dreieckigen Netzes schon einen Kreis mit dem Radius $r \leq 0{,}62$, mit einem Quadratnetz jedoch lediglich einen Kreis mit dem Radius $r \leq 0{,}71$.

Die Wahrscheinlichkeit des Antreffens eines Kreises wird noch geringer, wenn ein rechteckiges Netz verwendet wird. Als Beispiel dafür ist in Abb. 2 der Verlauf von P_3 angegeben, der die Wahrscheinlichkeiten des Antreffens eines Kreises durch ein rechteckiges Netz darstellt, in dem die Abstände zwischen den Bohrungen auf den Profilen doppelt so groß sind wie die Abstände zwischen den Profilen. Dieses Netz ist in Abb. 3, Ie, dargestellt.

Das optimale Netz für das Antreffen einer Ellipse

In Abb. 3, I, sind die bisher betrachteten Suchnetze mit einheitlicher Bohrlochdichte dargestellt: a und b = dreieckige, c und d = quadratische Netze sowie e = ein rechteckiges Netz. Wenn man die Fläche um das l-fache in irgendeiner Richtung ausdehnt, so verändert sich das Netz: Ein dreieckiges Netz wird zur schachbrettartigen Anordnung und ein quadratisches Netz zu einem rechteckigen, während Kreise zu Ellipsen werden, deren lange Achsen um l-mal größer sind als die kurzen (in Abb. 3, II, sind die Flächen um das Doppelte in horizontaler Richtung ausgedehnt worden). Die Wahrscheinlichkeit für das Antreffen einer Ellipse ist gleich dem Verhältnis der Fläche, die von den Ellipsen um die Bohrungen eingenommen wird, zur Gesamtfläche.

Die Berechnung der Flächen und Segmente für eine Ellipse ist bedeutend komplizierter als für einen Kreis. Es ist jedoch nicht notwendig, diese Berechnungen durchzuführen, da bei der Ausdehnung einer Fläche in einer Richtung die Flächenverhältnisse bestehen bleiben und die aufgeführten Wahrscheinlichkeiten nur durch solche Flächenverhältnisse widergespiegelt werden. Deshalb gelten die Schlußfolgerungen, die für den Kreis erhalten wurden, ebenfalls für Ellipsen unter der Bedingung, daß die Erkundungsnetze um das l-fache ausgedehnt wurden. Folglich sind für die Suche nach Ellipsen alle diejenigen Netze am besten geeignet, die bei der Ausdehnung von regelmäßigen Dreiecksnetzen um das l-fache erhalten wurden.

In dieser Hinsicht sind die Netze in Abb. 3, IIa und IIb, gleichberechtigt; jedoch ist das Netz unter IIa

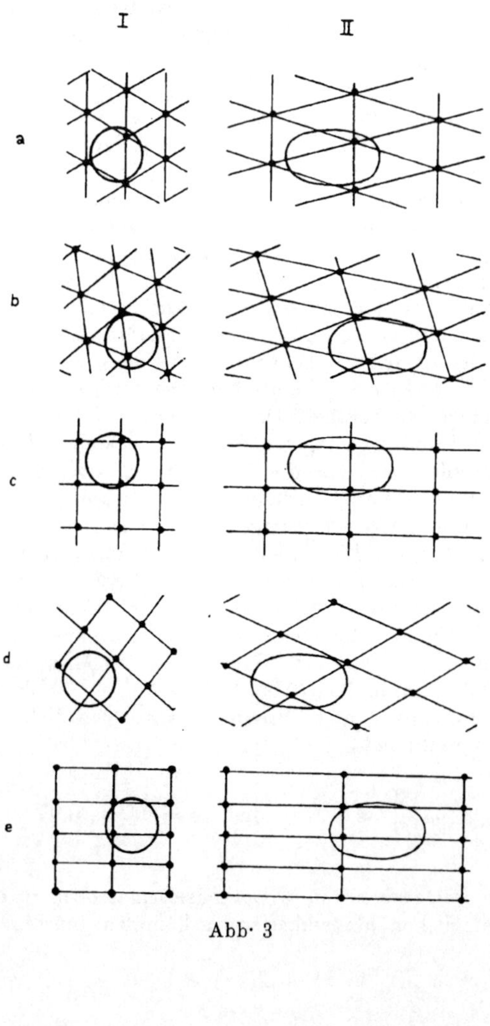

Abb. 3

bequemer aufzustellen als das Netz unter IIb. Zur Aufstellung des Netzes unter IIa muß zunächst die Fläche in der Streichrichtung um das l-fache verringert, d. h. auf den l-ten Teil reduziert werden. Dabei wird die Bohrdichte gleich $\frac{n \cdot l}{S}$. Setzt man diese Werte in die Gleichung (1) ein, so erhält man:

$$r = R \sqrt{\frac{nl}{S}} \qquad (7)$$

und daraus:

$$n = \frac{Sr^2}{R^2 l} \qquad (8)$$

Durch Einsatz der Dichte $\frac{n \cdot l}{S}$ in die Gleichung (2) erhält man die Parameter eines optimalen schachbrettartigen Netzes für die Suche nach einem Kreis:

$$A = 1{,}075 \sqrt{\frac{S}{nl}} \quad \text{und} \quad B = 0{,}93 \sqrt{\frac{S}{nl}}$$

Dehnt man dieses Netz in der Streichrichtung um das l-fache aus, so erhält man auf der Ausgangsfläche ein schachbrettartiges Netz mit folgenden Parametern:

$$A = 1{,}075 \sqrt{\frac{S}{nl}}$$

$$B = 0{,}93 \sqrt{\frac{Sl}{n}} \qquad (9)$$

Von den rechteckigen Netzen wird jenes das beste sein, in dem der Abstand zwischen den Bohrungen um den l-ten Teil geringer ist als die Abstände zwischen den Profilen (Abb. 3, IIc). Netze vom Typ IId (Abb. 3) haben keine Vorteile gegenüber den drei anderen bisher betrachteten; ihre Anwendung empfiehlt sich nicht.

Ebenfalls unzweckmäßig ist die Verwendung von Bohrnetzen des Typs IIe (Abb. 3), bei denen die Wahrscheinlichkeit des Antreffens einer Ellipse erheblich geringer als bei den optimalen Netzen ist, wie aus einem Vergleich des Verlaufs der Wahrscheinlichkeiten P_3 und P_1 in Abb. 2 ersichtlich ist.

Die Berechnung optimaler Netze nach der vorgeschlagenen Methode ist sehr einfach. Das soll an einem Beispiel an Hand der Lösung von zwei Aufgaben gezeigt werden.

Beispiel: Auf einer Fläche von 7 km² sollen für die Suche nach einem Lager von 200 × 1000 m 40 Bohrungen angesetzt werden. Bei Umformung dieser Werte in ein einheitliches Meßsystem erhält man $R = 0{,}1$ km, $l = 5$, $S = 7$ km² und $n = 40$. Setzt man diese Werte in die Formel (9) ein, so ergibt sich:

$$A = 1{,}075 \sqrt{\frac{7}{40 \cdot 5}} = 0{,}201 \text{ km}$$

und

$$B = 0{,}93 \sqrt{\frac{7 \cdot 5}{40}} = 0{,}87 \text{ km}$$

Optimal wird folglich ein schachbrettartiges Netz sein, das quer zum Streichen mit einem Abstand zwischen den Bohrungen von 201 m und einem Abstand zwischen den Profilen von 870 m angelegt ist.

Entsprechend der Formel (7) ist $r = 0{,}1 \sqrt{\frac{40 \cdot 5}{7}} = 0{,}534$; für diesen Wert von r ergibt sich aus dem Verlauf von P_1 (Abb. 2), daß das Lager mit einer Wahrscheinlichkeit von 0,9 angetroffen wird.

Die Lösung der umgekehrten Fragestellung: Welches Netz gewährleistet bei einer minimalen Anzahl von Bohrungen das Antreffen solcher Lager auf der gleichen Fläche mit einer Wahrscheinlichkeit von eins?

Aus dem Verlauf von P_1 (Abb. 2) ergibt sich, daß dieser Wahrscheinlichkeit ein $r = 0{,}62$ entspricht. Aus Formel (8) ergibt sich die Anzahl der Bohrungen zu $n = \frac{7 \cdot 0{,}62^2}{0{,}1^2 \cdot 5} = 53{,}8$. Mit Hilfe der Formel (9) werden die Kennwerte dieses Netzes zu $A = 173{,}5$ m und $B = 750$ m ermittelt.

Auf diese Weise kann man ein Netz für jede beliebige andere vorgegebene Wahrscheinlichkeit erhalten. Der Verlauf von P_1 (Abb. 2) ist für $r > 0{,}49$ und $P_1 > 0{,}74$ dargestellt. Bei kleineren Werten für diese Kenngrößen ist die Formel (3) anzuwenden. Bei der Suche nach isometrischen Körpern muß in den Berechnungsformeln die Größe l mit eins angenommen werden.

Erdöl in Australien

KURT KAUTER, Berlin

Für die Wirtschaft Australiens war die Entdeckung von Erdöl und Erdgas auf eigenem Territorium ein außerordentlich wichtiges Ereignis. Noch vor kurzem wurden mehr als 50% vom Energiebedarf des Landes durch Kohle gedeckt. Rohöl gelangte per Tanker vom Mittleren Osten in die erdölverarbeitenden Betriebe einer Reihe von Küstenstädten des Landes. Benzin wurde überwiegend aus den USA eingeführt. Mit der Entdeckung von Erdöl und Erdgas befreit sich Australien derzeit nicht nur vollständig vom Import an Erdöl und Erdölprodukten, sondern wird im Verlauf der Zeit als Exporteur unter den Ländern Südostasiens und Ozeaniens auftreten.

Nach Angaben von KRAWTSCHINSKIJ, „Priroda", 1968, H. 7.
Übers.: L. LINDNER, Berlin.

Die Geschichte der Entdeckung solcher Lagerstätten in Australien gibt Zeugnis dafür, wozu voreilige Schlußfolgerungen, die nicht durch Tatsachen untermauert sind, führen können. So liefen auf Grund falscher Voraussetzungen die Such- und Erkundungsarbeiten auf Erdöl und Erdgas in Australien auf einem falschen Weg. Es kam deshalb zu erheblichen Verzögerungen in der Erschließung dieser Lagerstätten. Bis in die letzte Zeit wurde angenommen, daß es auf dem australischen Kontinent, abgesehen von den bekannten, unbedeutenden Erdöl- und Erdgasvorkommen, keine industriellen Erdöl- und Erdgasakkumulationen geben kann. Es gab für diese Annahme gewisse Begründungen. Etwas mehr als die Hälfte Australiens nimmt der alte präkambrische kristalline Schild ein. Er besteht aus archäischen und proterozoischen Gesteinen, die im W und im Innern des

Kontinents an der Oberfläche zutage treten. Stellenweise sind sie von einem sedimentären Deckgebirge überlagert. Die Gesteine des Schildes, die aus verschiedenartigen, von Graniten unterbrochenen kristallinen Schiefern bestehen, konnten nach allgemeingültiger Ansicht kaum Erdöl- und Erdgasakkumulationen enthalten. Von 1900 an, als die Offshore-Bohrung in der Nähe von Roma Erdgas antraf, wurden bis 1958 etwa 500 Erkundungsbohrungen niedergebracht. Industrielle Erdöl- und Erdgaslagerstätten wurden aber nicht gefunden. Seit 1958 jedoch, als geophysikalische Untersuchungen ausgeführt wurden, änderte sich die Beurteilung des sedimentären Deckgebirges grundlegend. Es zeigte sich allgemein, daß sedimentäre Abfolgen von großer Mächtigkeit vorliegen. Speziell wurden 22 Sedimentbecken, perspektivisch für Erdöl und Erdgas, festgestellt.

Im Dezember 1961 wurde die Bohrung Nr. 1 im Gebiet des Moonie-River (Staat Queensland) in Produktion genommen. Sie wies die erste industrielle Erdöllagerstätte nach. Daraufhin kam es zu einer bedeutenden Erweiterung der Such- und Erkundungsarbeiten, mit deren Verlauf sich die Suchbohrungen unter großen Schwierigkeiten weit in das Innere der „toten" Wüste vorgeschoben haben. Innerhalb von 5 Jahren wurden auf dem australischen Kontinent 1100 Suchbohrungen niedergebracht. Mit jedem Jahr nahm der Umfang der Erkundungsarbeiten zu.

In verhältnismäßig kurzer Zeit wurde in Queensland, in Westaustralien und im Nordterritorium eine große Anzahl von Erdöl- und Erdgaslagerstätten nachgewiesen, insbesondere in Carnarvon, Alton, Roma, Gidsheaple, Gilmore, Arrowsmith, Mirani. Die Erdöl- und Erdgasspeicher lagen in Schichten des Ordoviziums, des Perms und des Juras.

Dabei stellte sich heraus, daß das im Herzen des australischen Kontinents nachgewiesene große gasführende Gebiet im Sedimentbecken des Amadeus-Sees das Erdöl- und Erdgasbecken von Texas (USA) an Ausdehnung übertrifft. Auch in der Schelfzone begannen Arbeiten, die zur Entdeckung von Erdgaslagerstätten führten. Eine große Erdöllagerstätte wurde auf der Insel Barrow nachgewiesen. Von den Bereichen der Schelfzone verdienen die Küstengewässer von Südwales, Victoria, Queensland, der Papua-Golf (Küste von Neuguinea) und der Bonaparte-Golf Beachtung. Diese Lagerstätten liegen jedoch weit entfernt von den Verbraucherzentren. Ein Transport über große Entfernungen ist notwendig. Zwei Lagerstätten sind bereits durch Erdöl- und Erdgasleitungen mit Küstenstädten des Festlandes verbunden: Moonie-River mit Brisbane, Gidsheaple mit Adelaide. Der Bau weiterer Erdgasleitungen ist geplant, u. a. von Roma nach Brisbane und von Gidsheaple nach Melbourne. Die australischen Erfolge bei der Suche auf Erdöl und Erdgas blieben auf Neuseeland nicht unbeachtet. Im Verlauf der sich dort entfaltenden Such- und Erkundungsarbeiten konnte bereits eine Lagerstätte in Point-Kapuni nachgewiesen werden. Zu großen Hoffnungen scheinen New Plymouth und Wanganui zu berechtigen.

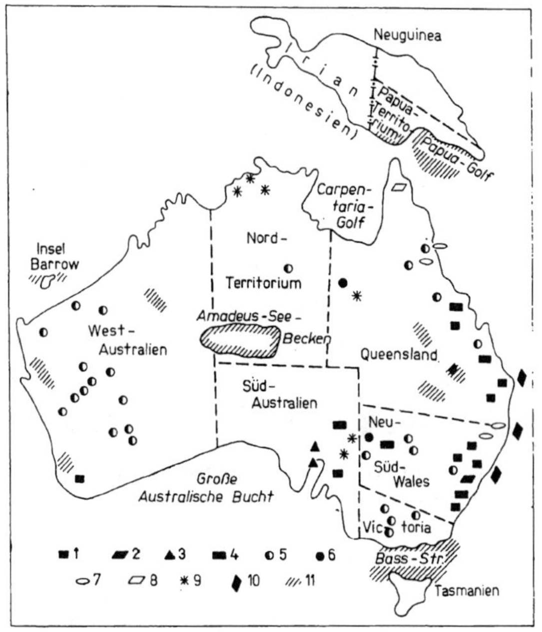

Schematische Karte von Australien mit Angabe der Lagerstätten der verschiedenen Bodenschätze

1 — Steinkohle; 2 — Brennschiefer; 3 — Eisenerze; 4 — Kupfererze; 5 — Gold; 6 — Polymetallerze; 7 — Zinnerze; 8 — Bauxite; 9 — Uranerze; 10 — Titanerze; 11 — Erdöl und Erdgas und wichtige Gebiete der Such- und Erkundungsarbeiten

Besprechungen und Referate

TSCHARNI, I. A., u. a.

Gasspeicherung in horizontalen und flachgelagerten wasserführenden Schichten

Moskau: Verlag Nedra 1968. 300 S., 102 Abb., 25 Tab., 140 Lit.

Das Buch ist dem Andenken Prof. Dr. I. A. TSCHARNIS gewidmet (1909—1967), auf dessen im Jahre 1959 im Moskauer Gubkin-Institut begonnenen Arbeiten die für die weitere Entwicklung der Untergrundgasspeicherung richtungsweisenden Untersuchungen und die Organisation des wissenschaftlichen Kollektivs basieren. In der internationalen Fachliteratur stellt es gleichzeitig die erste umfassende Abhandlung zu diesem Problem dar.

In der einleitend von D. I. ASTRACHAN gegebenen Übersicht über die Entwicklung der Untergrundgasspeicherung wird daran erinnert, daß der Aufschluß wasserführender Speicherhorizonte im Jahre 1953 mit dem Feld Herscher (Chicago) begann. Es folgten derartige Objekte in Westeuropa und im Jahre 1959 des Feld Kaluga als erster Aquiferspeicher der Sowjetunion. Das beschränkte Vorkommen geeigneter Antiklinalstrukturen setzt jedoch dieser Entwicklung Grenzen, weshalb auf die Untersuchung der Möglichkeiten zur Gasspeicherung in horizontalen bzw. flacheinfallenden Schichten orientiert werden mußte. Nachdem Modellversuche die theoretischen Überlegungen bestätigt hatten, folgten praktische Lufteinpreßversuche auf dem Objekt Gattschina bei Leningrad. Die dabei erzielten Ergebnisse führten zur Projektierung eines industriellen Versuchsspeichers und zur Inbetriebnahme im Jahre 1963.

Die Kapitel 2—4 umfassen mit 180 Seiten den Hauptteil, und zwar gibt I. A. TSCHARNI im Kapitel 2 die theoretische Begründung für die Möglichkeit der Gasspeicherung bei söhliger Lagerung des Schichtenverbandes anhand der hydromechanischen Gesetzmäßigkeiten und der erforderlichen mathematischen Ableitungen.

Die Kapitel 3 und 4 wurden von W. A. TOMELGASS und M. W. FILINOW verfaßt, wobei zunächst die speziellen Probleme der Flüssigkeits- und Gasverdrängung in homogenen und inhomogenen Medien beim Zweiphasenfluß unter verschiedenen Fließbedingungen betrachtet werden. Kapitel 4 enthält Näherungslösungen für die zur Gaseinpressung erforderlichen hydrodynamischen Berechnungen. In diesem Zusammenhang werden u. a. die wichtigen Fragen der Verlagerung der Gaskappe unter dem Einfluß des natürlichen oder künstlichen Schichtwasserstroms und die Bestimmung der Schichtparameter nach den Daten der Gaseinpressung behandelt.

A. E. JEWGENJEW beschreibt und interpretiert im 5. Kapitel die an 1- und 2- bzw. bis 5schichtigen

Modellen durchgeführten Versuche, wobei die mit oberflächenaktiven Stoffen erzielten Ergebnisse hervorzuheben sind. Das 6. Kapitel enthält die Erläuterung der Lufteinpreß- und -entnahmeversuche durch A. M. WLASSOW, verbunden mit einer kurzen geologischen und hydrodynamischen Charakteristik des Objekts Gattschina. Behandelt werden ferner technologische Fragen und die Interpretation.

Im abschließenden Kapitel 7 gibt D. I. ASTRACHAN die Analyse des industriellen Versuchsbetriebs von 1963 bis 1966. Die Darstellung ist ausführlich gehalten. Das betrifft insbesondere die Angaben zur Gasbewegung, zur Druckentwicklung, die Einschätzung des Einflusses der Inhomogenität der Speicherschicht u. a., wenngleich zu bemerken ist, daß durch die Berücksichtigung von Neutron-Gamma-Log-Beispielen die Aussage noch erhöht worden wäre. Hervorzuheben ist, daß im Abschnitt „Kontrolle und Einschätzung der Gasverluste in höherliegenden Horizonten und innerhalb der Speicherschicht" eindeutige Aussagen hinsichtlich unzureichender Sondenzementationen getroffen werden. Gasübertritte ins Hangende wurden bereits beim ersten Betriebszyklus festgestellt. Die bis 1966 erzielten Erfahrungen zu den Fragen der Projektierung und der Kontrolle der Fahrweise horizontaler Aquiferspeicher werden am Schluß zusammengefaßt. W. LANGE

DESBRANDES, R.

Théorie et interprétation des diagraphies

Paris: Editions Technip 1968. XX + 545 S., 478 Abb., 46 Tab., 378 Lit., Ganzleinen; Fr. 138,—

Diese Publikation des Institut Français du Pétrole schließt eine immer empfindlicher bemerkte Lücke in der Fachliteratur über Bohrlochmessungen. Zwar liegen mehr oder weniger umfangreiche Darstellungen des gleichen Gegenstandes bzw. wesentlicher Teilgebiete durch DACHNOW, PIRSON, ITENBERG, PERKOW, LYNCH u. a. Autoren vor, jedoch repräsentieren diese keineswegs den neuesten Stand und vernachlässigen bzw. bevorzugen mehr oder weniger ausgeprägt bestimmte Aspekte des Themas. Dagegen überschreitet DESBRANDES noch den im Titel fixierten Umfang seines Werkes. Neben der Theorie und der Interpretation der Bohrlochmessung behandelt er auch ökonomische und organisatorische Fragen, die Bohrlochmeßtechnik — allerdings nur in Form kurzer Teile mancher Kapitel — sowie die von ihm als „diagraphies instantanées" (im Unterschied zu mittels Bohrlochmeßkabels ausgeführten „diagraphies differées") bezeichneten Messungen von Spülungsparametern, des Bohrfortschritts und des Kohlenwasserstoffgehalts der Spülung und des Bohrkleins.

Neben seiner Vollständigkeit besteht der besondere Vorzug des Werkes darin, daß hier wirklich der neueste Stand geboten wird. Andererseits war es trotz des Umfangs des Werkes naturgemäß unvermeidlich, daß mancher lokal stark interessierende Fragenkomplex keine bzw. keine hinreichend ausführliche Beantwortung finden konnte. Ebenso natürlich fehlen ausgesprochen neue, aus der anderweitigen Fachliteratur bisher unbekannte Gesichtspunkte, wenn man von den im 30. Kapitel dargestellten Ansichten des Autors bezüglich der Zukunftsperspektiven der Bohrlochmessung absieht (die aber ebenfalls bereits vorher publiziert waren). Im übrigen ist die Darstellung auf Messungen in zum Zwecke der Erkundung und Produktion von Erdöl und Erdgas niedergebrachten Bohrlöchern beschränkt.

Das 1. Kapitel vermittelt allgemeine Vorstellungen über die Meßtechnik und Interpretation sowie die bohrlochgeophysikalische Terminologie. Die folgenden 13 Kapitel sind den gebräuchlichen Bohrlochmeßverfahren gewidmet. Interessanterweise ist das dem Eigenpotential gewidmete Kapitel mit 24 Seiten das längste, was die diesem einfachen Verfahren nach wie vor zukommende Bedeutung unterstreicht. — Kapitel 15 bis 19 behandeln die Interpretation von Bohrlochmessungen. Den Erfordernissen der französischen bzw. nordafrikanischen Erdölerkundung entsprechend werden die Schwierigkeiten und Besonderheiten der Interpretation tonhaltiger Speicherprofile auf 26 Seiten ziemlich ausführlich dargestellt. Zur Permeabilitätsbestimmung wird eingeschätzt, daß keines der zahlreichen Meßverfahren eine befriedigende quantitative Bestimmung dieses wichtigen Parameters zuläßt. Kapitel 20 behandelt verhältnismäßig kurz die maschinelle Interpretation, einschließlich einer Einführung in die verschiedenen Techniken der digitalen Aufzeichnung von Bohrlochmessungen.

Operationen technischer Art in Tiefbohrlöchern bilden die Gegenstände der folgenden 4 Kapitel: Kernentnahme, Kabeltest und Perforation, Neigungs-, Kaliber-, Korrosions- und Schichtneigungsmessungen, Festpunktbestimmung, Absetzen von Packern und Zementbrücken mittels des Bohrkochmeßkabels sowie die wichtigsten Verfahren zur Untersuchung produzierender Sonden (Flowmeter, Flüssigkeitsdichtemessung) und die Interpretation ihrer Meßergebnisse werden unter Beschränkung auf wenige typische Geräte behandelt. Kapitel 25 enthält schließlich ein Resümee mit Empfehlungen für bestimmte geologische Verhältnisse und Spülungstypen.

Verhältnismäßig ausführlich werden in den Kapiteln 26 bis 28 die als „diagraphies instantanées" zusammengefaßten Verfahren und ihre Interpretation dargestellt. Hierher gehören Aufzeichnungen des Gasgehalts der Spülung bzw. des Bohrkleins und der Zusammensetzung dieser Gase, Fluoreszenz-, Bohrfortschrittsmessungen und andere. Eindrucksvolle Beispiele beweisen die Leistungsfähigkeit dieser Methoden besonders bei ihrem komplexen Einsatz.

Kapitel 29 enthält interessante Ausführungen zu einigen ökonomischen Aspekten der Bohrlochmessung. Kapitel 30, in dem der Autor Zukunftsperspektiven der Bohrlochmessung entwickelt, beschließt das äußerlich wie hinsichtlich seines Inhaltes ansprechende Werk. K. LEHNERT

Anonym

AEC Finally shoots H-bomb in gas sand

„World Oil", Jan. 1968, p. 90—91

Am 10. Dez. 1967 wurde das seit längerer Zeit geplante „Gasbuggy Project" ausgeführt. Die AEC (Atomic Energy Commission) zündete eine 26-kt-H-Bombe in der Lewis-Formation, 12 m unterhalb des eigentlichen Speicherhorizonts, der Pictured-Cliffs-Zone, im San-Juan-Becken, ca. 90 km östlich von Farmington in New Meciko in einer Teufe von 1292,4 m. Der eigentliche Gasträger besteht aus einem dichten, niedrigpermeablen Sandstein. Unter der Schirmherrschaft der AEC arbeiteten viele Firmen und Forschungsinstitute das Projekt aus. Die Durchführung der Explosion mußte mehrfach verschoben werden, da während der Vorbereitungsarbeiten größere Mängel festgestellt wurden. Die aus Spezialstahl bestehende 20"-Produktionsrohrtour wurde bis über Tage zementiert. Die die Bombe enthaltende Spezialkapsel, deren Außendurchmesser 17,5" und deren Länge 4,88 m betrugen, wurde an die Tubings, die man zentralisiert hatte, um eine Beschädigung des elektrischen Kabels zu vermeiden, geschraubt. Nach Einlassen der Spezialkapsel wurde Zement durch die ersten 120 m geschlitzten Tubings eingebracht, und zwar bis zu einer Teufe von 914,4 m. Bis 15 m wurde die Sonde mit Sand verfüllt, die letzten 15 m mit einem nicht näher bezeichneten Spezialmedium. Während der Explosion registrierten übertägige und untertägige Instrumente, die man in vier um die Sonde stehenden Bohrungen installiert hatte, alle Daten. Durch die Energie der Bombe wurde in etwa einer Zehntel Sekunde eine kugelförmige Kaverne von 48,8 m Durchmesser geschaffen. Nach der Abkühlung des Gesteins und nach dem Druckabfall brach das über dem geschaffenen Hohlraum liegende Gestein ein. Es wird eingeschätzt, daß ca. 107 m zylinderförmig nachgefallen sind. Außerdem soll die Fracwirkung 259 m im Durchmesser betragen. In der Vertikalen sollen 131 m aufgebrochen worden sein. Um die Radioaktivität des Gases zu untersuchen, wurde auf das mit Nuklearenergie gefracte Bohrloch ein Bohrgerät gesetzt. Nach ca. 8 Monaten sollen in das kavernöse Gebiet Produktionssonden niedergebracht werden. Ob Nuklearenergie für friedliche Zwecke als Stimulationsmethode in die Erdöl- und Erdgasindustrie Einzug halten wird, wird die Zukunft entscheiden.

G. T. KINNEY: Petroleum's most dramatic recovery experiment near, „The Oil and Gas Journal", Sept. 4, 1967, p. 71 bis 73, gibt an, daß sich die Kosten des Gasbuggy Project auf 4,9 Mill. $ beliefen. Laborative Tests deuten an, daß eine siebenfache Steigerung der Gasabgabe durch Fracarbeiten mit Atomenergie in geringpermeablen Speichern möglich ist.

K.-P. KATZUNG

Choppy, J.

Pratique de la sismique réflexion

Paris: Masson et Cie., Editeurs 1968. 104 S., 54 Abb., einige Tab., brosch. fr 35.—

Der Autor dieses bescheidenen Büchleins über die Praxis der Reflexionsseismik mit dem eigensinnigen Untertitel „Spezialversuche und -aufstellungen" hatte laut Vorwort die löbliche Absicht, in Form einer methodischen Synthese dem Praktiker zu helfen, bestehende Lücken in dessen Kenntnissen zu schließen und ihn mit den Fortschritten seiner Wissenschaft bekannt zu machen.

Das Ergebnis dieses Bemühens ist nun leider der etwas fragwürdige Versuch geworden, auf rund 100 Seiten eine Darstellung nahezu der gesamten reflexionsseismischen Meß- und Auswertemethodik (ohne Konstruktion und Interpretation) einschließlich moderner Signalbearbeitungsverfahren zu geben. Notwendigerweise mußte dadurch die Darstellung äußerst knapp gehalten werden, was sowohl die mathematische Behandlung (keine Ableitungen) als auch die textliche Abfassung und Illustrationen betreffen, die zudem teilweise nicht sonderlich anschaulich sind. So steht der Praktiker vor dem Dilemma, sich wegen allzu großer Komprimierung doch wieder ergänzender Spezialliteratur zuwenden zu müssen, um neuere Verfahren überhaupt gründlich zu verstehen, während er andererseits auf manches für ihn Altbekannte und Triviale verzichten könnte. Hinwieder sucht man vergeblich eine ganze Reihe schon einige Zeit angewandter bzw. theoretisch erarbeiteter Meß- und Auswertetechniken selbst westlicher Provenienz, von solchen aus den sozialistischen Ländern, besonders der UdSSR, ganz abgesehen. Die Digitaltechnik ist z. B. mit einer knappen halben Seite unter Skizzierung des Entwicklungsstandes von 1965 weggekommen — bei einem 1968 und dazu noch in Frankreich erschienenen Buch kaum verständlich!

Der Nichtseismiker hingegen wird dank der teilweise recht simplen Erläuterungen eine gewisse Vorstellung davon bekommen, was denn Reflexionsseismik eigentlich bedeutet (nicht: was sie kann!). Die eigenwillige Gliederung des Buches, der kurzgefaßte Text sowie die oft ohne klar erkennbare Zusammenhänge angegebenen Formeln erschweren jedoch das Verständnis auch einfacherer Problemstellungen, von aufwendigeren Verfahren ganz zu schweigen.

Alles in allem ein Werk, dem man hinsichtlich der zusammenfassenden, informativen Darlegung moderner Entwicklungen gewisse Vorzüge nicht abstreiten kann, bei dem man jedoch wegen seiner Unausgewogenheit nicht weiß, wem man es eigentlich in die Hand geben sollte. Für deutsche Leser lohnen sich jedenfalls die Mühen der Übersetzung kaum.

H. Thieme

Millheim, K. K., & L. Cichowicz

Testing and Analyzing Low-Permeability Fractured Gas Wells

„Journal of Petroleum Technology", Febr. 1968, p. 193 bis 198

Um eine Aussage über den Fracerfolg bei niedrigpermeablen Gassonden machen zu können, müssen die Sonden getestet werden. Die Untersuchung erfolgt über Druckabfallteste, dabei werden konstante Fließraten vorausgesetzt. Die Messung erfolgt von kleinen zu großen Fördermengen. 3 bis 4 Depressionen werden als ausreichend betrachtet. Zwischen den einzelnen Testen finden zur Stabilisierung des Lagerstättendrucks Druckaufbaumessungen statt. Die von mehreren Autoren erarbeiteten theoretischen Grundlagen zum Testen geringpermeabler gefracter Gassonden wurden in der Praxis durch den Test von zwei Gassonden des San-Juan-Beckens bestätigt. Auf Grund umfangreicher Analysen kann eingeschätzt werden, daß die Fracwirkung bei niedrigpermeablen Sonden nur vertikal gerichtet ist. Daraus folgt, daß zu Beginn des Testes linearer Fluß vorliegt, der erst allmählich in einen radialen Fluß übergeht. Die Dauer des linearen Fließens hängt von den Speichereigenschaften und der Größe der gefracten Fläche ab. Aus einem Diagramm mit den Koordinaten $\Delta p^2/q$ in Abhängigkeit von der Fließzeit $\ln t$ (Kurve 1) bzw. $\sqrt{t}$ (Kurve 2) können sowohl der lineare als auch der radiale Fließvorgang ermittelt werden. Die Kurve 1 verläuft zunächst gekrümmt (linearer Fließvorgang), später geht sie in eine Gerade über (Steigung — m), Kurve 2 verläuft umgekehrt (Steigung — m'). Die Steigung m wird benötigt, um die effektive Permeabilität zu bestimmen, m' dient zur Ermittlung der effektiv gefracten Fläche. Die Verf. zeigen damit, daß aus der Analyse des linearen Flusses ein wichtiger Lagerstättenparameter ermittelt werden kann. Die nach dieser Methode berechnete effektiv gefracte Fläche ist jedoch gegenüber der nach anderen Verfahren um 75% kleiner. Die Verf. sind der Meinung, daß der kleinere Wert den wahren Verhältnissen näherkommt. Mit Hilfe der Druckabfallteste während des radialen Flusses können weiterhin der effektive Bohrlochradius, der Turbulenzkoeffizient und die vertikale Fraceffektivität ermittelt werden. Aus dem berechneten Effektivitätskoeffizienten können sich weitere Stimulationsarbeiten ergeben. Werte von 125% weisen jedoch darauf hin, daß durch den Frac viele vertikale Fließkanäle geöffnet wurden. Die beiden San-Juan-Sonden weisen Permeabilitäten von 0,15 bzw. 0,14 md auf, die Fraceffektivität betrug 122 bzw. 183%.

Zehn Abbildungen, eine Reihe von Formeln sowie die Berechnung der Werte für eine Sonde im Anhang vervollständigen die Ausführungen.

K.-P. Katzung

Matlock, J. D.

Production logging: Profit builder for producers

„The Oil and Gas Journal", **65** (1967), 51, S. 71—75, 8 Abb.

Drei typische Beispiele des Einsatzes moderner Bohrlochmeßverfahren des „production logging", d. h. zur Analyse der Förderung produzierender Erdölsonden, werden vorgeführt. Der Einsatz eines Flowmeters, das mit Flüssigkeitsgemische analysierenden Geräten kombiniert ist (Densimeter nach dem Gammadurchstrahlungsprinzip und auf die Dielektrizitätskonstante ansprechendes water-cut meter), ggf. unterstützt durch zusätzliche Messung mit einem Druckdifferenzmeßgerät (Gradiomanometer), erlaubt, die Herkunft und Anteile der einzelnen Komponenten des Fördergutes — Gas, Öl, Wasser — genau zu lokalisieren. Anhand dieser Kenntnis lassen sich Maßnahmen einleiten, um mitgefördertes Wasser abzusperren, das Gas:Öl-Verhältnis zu senken und die Erdölförderung zu erhöhen. Maßnahmen dieser Art sind die Erweiterung der Perforationsstrecken sowie die Wasserabsperrung durch Packer bzw. Bodenzementation.

K. Lehnert

Stehn, O. E. L.

Zur Fossildeformation im Rheinischen Schiefergebirge

Köln und Opladen: Westdeutscher Verlag 1968. Forsch.-Ber. Nordrhein-Westfalen, Nr. 1928, 31 S., 19 Abb.

Als Maß für Grad und Richtung der tektonischen Beanspruchung eines Gesteinskörpers wird oft die Deformation fossiler organischer Reste herangezogen. Zu den für derartige Untersuchungen am meisten verwandten Objekten gehören Crinoidenstielglieder. Ausgehend von der Annahme einer primär kreiszylindrischen Form wurde bei elliptischer Gestalt der Stielglieder aus dem Verhältnis von Lang- und Kurzachse der Gelenkfläche der Deformationsgrad, aus der Lage beider Achsen im Raum die Deformationsrichtung ermittelt. O. E. L. Stehn macht in seiner interessanten Arbeit jedoch darauf aufmerksam, daß durchaus mit dem Vorkommen primär elliptischer Crinoidenstielglieder gerechnet werden muß. Er weist an Hand von Beispielen darauf hin, daß neben dem Achsenindex stets auch die Skulptur der Gelenkfläche und die Sedimentstrukturen zu berücksichtigen sind, wenn Fehlinterpretationen vermieden werden sollen. Aus den im mitteldevonischen Mühlenberg-Sandstein des Rheinischen Schiefergebirges angestellten Untersuchungen geht weiterhin hervor, daß die Langachsenmaxima der Stielglieder nur sehr selten genau dem Generalstreichen der Faltenachsen entsprechen und stärker an die ursprüngliche Struktur des Sedimentationsbeckens als an die tektonischen Großformen gebunden sind.

Die Analyse von Fossildeformationen und ihre regionale Auswertung sind also sehr kritisch durchzuführen. Nach Ansicht des Verf. resultiert das heutige Bild der Langachsenmaxima — zumindest in seinem Arbeitsgebiet — in erster Linie aus der sedimentär bedingten Einregelung der Stielglieder und nur in geringerem Umfang aus ihrer späteren tektonischen Überprägung.

D. Franke

SELZMAN, P. A.

Die Konstruktion von Apparaturen für geophysikalische Bohrlochmessungen (russ.)

Moskau: Verlag Nedra 1968. 180 S., 110 Abb., 30 Lit., Rubel 0,65

Ausgehend von den Einsatzbedingungen werden theoretisch fundierte Grundregeln sowie zahlreiche praktische Erfahrungen für den Aufbau von Bohrlochmeßausrüstungen vermittelt, wobei der Schwerpunkt auf den Untertagegeräten (Meßsonden) liegt. Im einzelnen werden in besonderen Kapiteln behandelt: Druckhülsen, Kabel- und Sondenanschlüsse, Aufbau und Schaltungen der Meßeinrichtungen, Zentrier- und Andrückvorrichtungen sowie einige faktische Ausführungsformen als Beispiele. Damit findet dieses immer mehr an Bedeutung gewinnende technische Spezialgebiet erstmals seine Behandlung in der Literatur. Das Buch kann allen mit der Konstruktion und der Fertigung von Bohrlochmeßgeräten beschäftigten Ingenieuren empfohlen werden.

K. LEHNERT

Anonym

Literaturkatalog „Mathematik — Physik"

Herausg.: Leipziger Kommissions- und Großbuchhandel. Leipzig 1968, 294 S., kostenlos

Die Bedeutung der Mathematik und Physik für die geologischen Such- und Erkundungsarbeiten der Gegenwart ist bekannt. Der Ausbau der Datenverarbeitung und die weitgehende Einführung kybernetischer Methoden in die Geologie sind die Voraussetzung für die zielgerichtete Weiterentwicklung unserer Wissenschaft in der wissenschaftlich-technischen Revolution.

Der vorliegende Katalog stellt ein wichtiges Informationsmittel dar für alle Interessenten, die sich mit diesen Fragen beschäftigen. Der Inhalt ist nach Sachgebieten gegliedert und gibt zugleich Auskunft darüber, für welches Bildungsniveau die einzelnen Titel bestimmt sind. Von besonderem Vorteil ist die weitgehende Einbeziehung der einschlägigen sowjetischen Literatur.

Der Katalog ist in allen Buchhandlungen der DDR kostenlos erhältlich, über die auch die angezeigten Bücher und Broschüren bezogen werden können.

K. KAUTER

Literaturhinweise

Autorenkollektiv

Akzessorische Mineralbestandteile in Eruptivgesteinen

Isd-wo Nauka, Moskau 1968. — 332 S.

Autorenkollektiv

Die gebirgsbildenden Zonen

(23. Internationaler Geologischer Kongreß. Fragenkreis Nr. 3), Isd-wo Nauka, Moskau 1968. — 248 S.

GREEN, D. H., u. a.

Petrographie des äußeren Erdmantels

Isd-wo Mir, Moskau 1968. — 336 S., 72 Abb., 59 Tab. (aus dem Engl.)

JEROFEJEW, B. N., & A. J. GOLOW

Geologische Struktur und Bodenschätze der Mitgliedsstaaten des RGW

Isd-wo Nedra, Moskau 1968. — 56 S., 9 Abb., 8 Tab.

SCHAFRANOWSKI, I. I.

A. G. WERNER, ein namhafter Mineraloge und Geologe

Isd-wo Nauka, Leningrad 1968. — 200 S.

Autorenkollektiv

Geophysikalischer Sammelband

6. Folge. Geophysikalische Untersuchungen mit Hilfe der Kerntechnik

Isd-wo UFAN SSSR, Swerdlowsk 1967. — 104 S.

MAKAROW, N. P.

Geodätische Gravimetrie

Isd-wo Nedra, Moskau 1968. — 105 Abb., 24 Tab.

Informationen

Erdöl auf Kuba

Ende 1967 standen auf Kuba nicht weniger als 120 Erdölsonden in Produktion. Im vergangenen Jahre stieg die Erdölgewinnung von 79700 t im Vorjahr auf 105000 t. Die Erdölförderung konzentrierte sich auf das Gebiet von Jatibonico in der Provinz Camaguey. Gegenwärtig führt Kuba auf einer Fläche von 57000 km^2 intensive geologische Erkundungsarbeiten mit etlichen Aufschlußbohrungen durch. Zwischen Guanabo und Santa Maria del Mar stieß man bei einer Teufe von 875 m auf einen Erdölspeicher, der in den ersten neun Stunden 206 t lieferte.

Sucharbeiten im Kaspischen Meer

Im Verlauf der Sucharbeiten im Offshoregebiet südlich der Halbinsel Apscheron im Kaspischen Meer konnten als Fortsetzung der Balachany—Zysch-Antiklinalzone zwei perspektivische Strukturen nachgewiesen werden. Es handelt sich um die Struktur „Banka Makarowa" und die Struktur „Schachowo-more". In beiden Hochlagen ist die produktive Serie 3000 bis 3400 m mächtig. Als solche kommt die Podkirmaku-Folge in Betracht. Die Strukturen lagern in 5200 bzw. 6200 m Teufe. Entsprechend der allgemeinen Erscheinung bei der Gaszunahme in größeren Teufen wird mit dem Antreffen von Gasinseln auf diesen Strukturen gerechnet.

Probleme um Erdgas im englischen Nordseebezirk

„Petroleum Press Service" zufolge entwickelt sich die Erdgaserkundung im britischen Nordseebezirk nicht den Erwartungen gemäß. Für 1975 wurde der gesamte Erdgasverbrauch auf etwa 114 Mill. m^3 pro Tag geschätzt. Es stehen aber nur wesentlich geringere Mengen von Erdgas derzeit zur Verfügung. Bis jetzt wurden nicht viel mehr als 700 Mrd. m^3 gewinnbares Erdgas erkundet, was für die nächsten 25 bis 30 Jahre eine tägliche Höchstförderung von ca. 71 Mill. m^3 ermöglicht.

Es scheint auch nicht zu gelingen, mit erhöhter Bohrtätigkeit die Produktion anzuheben; denn nach den anfänglich sehr erfolgversprechenden Entdeckungen ist in letzter Zeit die Erfolgsrate erheblich abgefallen. So arbeiteten zu Anfang Juli 1968 — also während der Hochsaison — nur vier Bohrinseln an der Niederbringung von neueren Suchbohrungen. Eine davon war vor der schottischen Küste postiert, wo man Erdöl, aber kein Erdgas erwartet. Es ist derzeit nicht ersichtlich, wie die Lücke zwischen Bedarf und Zulieferung geschlossen werden kann.

Zur Entwicklung des westdeutschen Emslandes

Mit dem Jahre 1942 begann in Westdeutschland die Entwicklung des Erdöl-Erdgas-Bezirks Emsland, dessen Produktionsanstieg bis heute beachtlich war. Mit dem Jahre

1950 setzte dort eine forcierte Such-, Erkundungs- und Abbautätigkeit ein, deren Höhe heute als überschritten gelten kann. Für die folgenden Jahre ist ein langsames Abwärtsgleiten der Förderkurven zu erwarten. Insgesamt wurden bisher rd. 28 Mill. t Erdöl und über 4,5 Mrd. m^3 Erdgas in diesem Gebiet gewonnen. Die sandigen Partien des Mittelvalendis stellen den hauptsächlichen Erdgasspeicher des Emslandes dar. Stratigraphische, tektonische und fazielle Gegebenheiten führen zu recht verschiedenen Lagerstättentypen und Kohlenwasserstoffen.

15 Jahre Förderung aus Rheden

Das westdeutsche Erdgasfeld Rheden, das viele Jahre lang die Spitze der dortigen Produktion eingenommen hatte, blickte 1968 auf eine 15jährige Produktion zurück. Als erste Sonde wurde 1954 die Bohrung Rheden 9 angefahren. Seitdem lieferte das Feld — letztlich mit 27 Sonden — insgesamt 4 Mrd. m^3 Erdgas. Das Gas stammt hauptsächlich aus Speichern des Zechsteins, aber auch aus dem Karbon und dem Buntsandstein.

Basisbohrung im Alpenvorland

Im Zentrum des Bamberger Sattels, im Alpenvorland zwischen Garmisch und Mittenwald, ist das Abteufen einer Basisbohrung mit einer Endteufe von 5000 bis 6000 m vorgesehen. Die Bohrung soll die Überschiebung des Kalkalpenmassivs auf Flysch, Helvet oder Molasse des Vorlandes untersuchen. Es wird erwartet, daß sie darüber hinaus auch noch Anhaltspunkte über die Ausbildung des darunter liegenden Mesozoikums geben wird. Außerdem verspricht man sich einen generellen Einblick in das Vorhandensein von Erdöl und Erdgas im gesamten Profil der Schichten.

Neues aus der Erdölwirtschaft Afrikas

In der VAR konnten an der alten Karawanenstraße, etwa 75 km westlich Kairo, einige Erdölvorkommen festgestellt werden. Wenn es sich dabei bis zur Stunde auch nur um wirtschaftlich unbedeutende Funde handelt, so besteht doch die Aussicht, hier auf ertragreichere Lagerstätten zu stoßen.

Zwei amerikanische Firmen haben daraufhin in diesem Gebiet bereits Konzessionen erworben. Der als höffig bezeichnete Bezirk hat den Umfang von 73000 m^2, während der ganze prognostische Raum 200000 m^2 beträgt.

Wie vorauszusehen war, hat sich die Erdölförderung in Libyen wesentlich erhöht. Von März 1967 bis März 1968 betrug der Zuwachs 46%, von 1607000 bbl auf 2346800 bbl.

Bedeutsamer Erdölfund in Alaska

Zu Anfang des Jahres 1968 ist eine Bohrung auf Erdöl am Nordhang des Polargebirges, etwa 625 km nördlich Fairbanks, fündig geworden. Sie erreichte eine Teufe von etwa 300 m und traf dort den Mississippi-Kalkstein an. Die Sonde lieferte bei freiem Ausfluß 1152 bbl Erdöl und 37000 m^3 Erdgas pro Tag.

Nunmehr ist eine zweite Bohrung in dieser Gegend fündig geworden, diesmal in Schichten der Trias in etwa der gleichen Teufe. Eine Testförderung ergab einen freien Ölfluß von 2300 bbl pro Tag. Das Erdöl hat die Wichte von 26,8° API.

Erste Schätzungen lassen dort Vorräte in der Größenordnung von 5 bis 10 Mrd. bbl erwarten. Damit dürfte es sich dort um eine im Weltmaßstab bedeutsame Lagerstätte handeln.

Seitdem in Alaska 1957 Erdöl entdeckt wurde, ist nach PPS die dortige Förderung ständig angestiegen.

Neue Kohlenlagerstätten in Ungarn

Die seit langem betriebenen Such- und Erkundungsarbeiten auf Kohle in der VR Ungarn sind derzeit zu einem gewissen Abschluß gekommen. Im nördlichen Teil des Landes konnten neue Lagerstätten mit Vorräten von ca. 200 Mill. t festgestellt werden. Die Flöze liegen in so geringer Teufe, daß ein Abbau im Tagebau möglich ist. Zu Ende des Jahres 1968 ist dort die Produktion angelaufen.

Kurznachrichten

Die **Ungarische Volksrepublik** erwartet 1970 4 Mill. t, 1977 6,5 Mill. t und 1980 10 Mill. t sowjetisches **Erdöl**. Aus diesem Grund ist für die Jahre 1970 bis 1973 der Bau einer neuen Pipeline zur UdSSR hin mit einem Aufwand von 1 Mrd. Ft vorgesehen.

Eine neue, für die **VAR** bedeutsame **Erdöllagerstätte** ist in der Suez-Kanal-Zone entdeckt worden. Erste Produktionsversuche ergaben eine Menge von 7500 bbl pro Tag.

Im **britischen** Teil der **Nordsee** ist eine neue **Erdgaslagerstätte** festgestellt worden. Sie liegt etwa 35 km vor der Küste von Norfolk und rund 10 km nördlich der Lagerstätte Hewett Field entfernt.

In **Algerien** sind etwa 100 km südlich von Hassi Messaoud neue **Erdgaslagerstätten** entdeckt worden, deren Vorräte auf 30 Mrd. m^3 geschätzt werden. Die bereits angelaufene Förderung beträgt 1,4 Mill. m^3 Erdgas pro Tag.

Im **kanadischen** Teil des Eriesees ist eine **Erdöllagerstätte** angetroffen worden. Einzelheiten über die Menge und die Qualität des Erdöls wie auch über die Erstreckung der Lagerstätte stehen noch aus.

Nachdem im **Iran** bei Aserbaidshan, bei Hamadan, Isphahan, Anarak und Kachan **Uranvorkommen** festgestellt worden waren, betreibt derzeit die Regierung mit Unterstützung durch französische Geologen eine intensive Suche nach Uranvererzungen. Die Vorkommen von Anarak gelten im Augenblick als die bedeutendsten.

Nur wenige Monate, nachdem der Abbau einer großen Eisenerzlagerstätte in Nordcassinga, im Südwesten von **Angola**, in Betrieb genommen wurde, konnten Geologen nahebei eine **Goldlagerstätte** nachweisen. Mit ihrem Abbau soll in Kürze begonnen werden.

Die **kolumbianische** Mine Cerromatoso, Departement Bolivar, baut die größte lateinamerikanische **Nickellagerstätte** ab. Die Vorräte werden mit 80 Mt Erz mit 2% Ni beziffert.

Die **Quecksilberlagerstätte** von Idria, die einzige dieser Art in **Jugoslawien**, galt als abgebaut. Durch Modernisierung der Verfahren wird derzeit eine jährliche Menge von 5,5 t gewonnen. Hauptabnehmer sind die USA, Großbritannien und die UdSSR.

Die Konzentrate der Kupfer-Silber-Mine von Gortdrum, Grafschaft Tipperary in **Irland**, enthalten 1 bis 1,5% **Quecksilber**. Sein Gehalt variiert mit dem Kupfer in umgekehrtem Sinn. Gegenwärtig laufen Versuche, dieses Metall durch Rösten zusätzlich zu gewinnen. Man rechnet mit einer Jahresausbeute von 200 t.

In **Finnisch-Lappland**, nahe bei Savukoski, ist eine bedeutende **Apatitlagerstätte** entdeckt worden. Die Vorräte werden mit 25 Mill. t bei einem Phosphatgehalt von 11% angegeben.

Im Jahre 1967 sind zur Erweiterung des bekannten Minenreviers von Poum, in **Neukaledonien**, 265 Bohrungen mit insgesamt 6100 m abgeteuft worden. Dabei wurden beträchtliche Vorräte von **lateritischen Erzen** mit 2% Ni und geringen Mengen von Kobalt festgestellt. Eine wesentliche Erweiterung der bisherigen Produktion ist in Aussicht genommen.

Seit 1967 betreibt **Kolumbien** in La Cascajera, Departement Boyacá, den untertägigen Abbau einer **Phosphatlagerstätte.** Das Lager hat eine Mächtigkeit von 2,80 m. Die Vorräte betragen 4 Mt Erz mit 14% P_2O_5. Die derzeitige Produktion von 70 t/Tag (Gehalt 20% P_2O_5) kann auf 500 t/Tag gesteigert werden.

Durch einen forcierten Abbau der **Flußspatlagerstätte** von Yong Mamged Nua in der Provinz Petchaburi, deren Vorräte mit 10 Mt Erz mit 40% CaF_2 ausgewiesen wurden, verspricht sich **Thailand** eine Verdoppelung der Produktion (1967 = 50000 t).

In den nächsten Heften der Zeitschrift für angewandte Geologie

erscheinen u. a. folgende Beiträge

R. MEINHOLD: Forschungen und Fortschritte in der Geochemie der Kohlenwasserstoffe

U. PATZER & S. GRÄSSL: Reflexionsseismische Messungen mit Transversalwellen zur Erkundung der Lagerungsverhältnisse im Vorfeld eines Braunkohlentagebaus

O. WEDEKIND: Einsatz elektronischer Zeichengeräte für die Konstruktion von Isolinienkarten in der Geologie

H. LÜTZNER & R. MAAZ: Ein Rechenprogramm zur Auswertung von Richtungsmessungen mit geringer Streuung

H. SCHULZ: Geologische und verfahrenstechnische Voraussetzungen für die Prognose und Suche von natürlichen Rohstoffen zur Herstellung von Porensinter

N. S. JEROFEJEW u. a.: Wege zur Verkürzung der Termine industrieller Erkundung und Nutzung neuer Erdöl- und Erdgaslagerstätten

Herausgeber: Zentrales Geologisches Institut im Auftrag des Staatssekretariats für Geologie beim Ministerrat der Deutschen Demokratischen Republik. Für die kollektive Chefredaktion: Dr. K. KAUTER (Redaktionssekretär), Berlin. Redaktion: 1054 Berlin, Zionskirchstraße 34 (Fernsprecher 426001). Verlag: Akademie-Verlag GmbH, 108 Berlin, Leipziger Straße 3–4 (Fernsprecher 220441, Telex 0112020, Postscheckkonto: Berlin 35021). Bestellnummer des Heftes 1047/15/3. Alleinige Anzeigenannahme DEWAG-WERBUNG, 102 Berlin, Rosenthaler Str. 28–31, und alle DEWAG-Betriebe in den Bezirksstädten der DDR. Die „Zeitschrift für angewandte Geologie" erscheint monatlich, Exportpreis M 6,–, Sonderpreis für die DDR M 2,– je Heft. – Satz und Druck: VEB Druckhaus „Maxim Gorki", 74 Altenburg. Veröffentlicht unter der Lizenznummer 1279 des Presseamtes beim Vorsitzenden des Ministerrates der Deutschen Demokratischen Republik. Kartengenehmigung Nr. 842/68, 1047/68, 22/69.